FORSCHUNGSBERICHTE DES LANDES NORDRHEIN-WESTFALEN

Nr. 2064

Herausgegeben im Auftrage des Ministerpräsidenten Heinz Kühn
von Staatssekretär Professor Dr. h. c. Dr. E. h. Leo Brandt

Prof. Dr. Dr. h. c. Dr. E. h. Hans Paul Kaufmann
Dr. rer. nat. Rainer Schickel

Deutsche Gesellschaft für Fettwissenschaft e. V., Münster

Synthesen und Reaktionen von Epoxy- und Episulfido-Verbindungen

SPRINGER FACHMEDIEN WIESBADEN GMBH 1969

ISBN 978-3-663-20110-6   ISBN 978-3-663-20471-8 (eBook)
DOI 10.1007/978-3-663-20471-8
Verlags-Nr. 012064

© 1969 by Springer Fachmedien Wiesbaden

Ursprünglich erschienen bei Westdeutscher Verlag GmbH, Köln und Opladen 1969

Gesamtherstellung: Westdeutscher Verlag

Inhalt

A. Einleitung 5
   I. Epoxy-Verbindungen 5
      1. Natürliches Vorkommen 5
      2. Physiologisches Verhalten 8
      3. Darstellung von Epoxy-Verbindungen 8
      4. Reaktionen und technische Verwendung 10
      5. Analyse von Epoxy-Verbindungen 13
   II. Episulfido-Verbindungen 14
      1. Darstellungsmethoden 15
      2. Allgemeine Reaktionen 17
      3. Anwendungen von Episulfiden 19

B. Hauptteil 20
   I. α-Hydroxy-β-amino-buttersäure-Derivate 20
   II. Reaktion von Styroloxyd mit Fettsäuren 21
      1. Phenylglykol-mono-fettsäureester 21
      2. Phenylglykol-di-fettsäureester 22
   III. Thioäther 23
      1. Synthese von 10-Hydroxy-11-mercapto-undecansäure-Derivaten 23
      2. (β-Phenyl-β-hydroxyäthyl)-thioäther 25
      3. 2-Phenyl-thioxanon-(6) 26
   IV. Episulfido-Verbindungen auf dem Fettgebiet 27
      1. Die Bedeutung geschwefelter Fettprodukte 27
      2. Darstellung von Episulfiden aus Epoxyden 28
      3. UV-Spektren 30
      4. Chemisches Verhalten der 9,10-Episulfido-stearinsäure .. 31

C. Experimenteller Teil 32
   I. α-Hydroxy-β-amino-buttersäure-Derivate 32
   II. Phenylglykol-fettsäureester 34
   III. 10-Hydroxy-11-mercapto-undecansäure-Derivate 36
   IV. (β-Phenyl-β-hydroxyäthyl)-thioäther 38
   V. Episulfido-Verbindungen 41

D. Zusammenfassung 46

E. Literatur-Verzeichnis 47

A. Einleitung

I. Epoxy-Verbindungen

Epoxy-Verbindungen finden seit einigen Jahren besondere Beachtung. Zahlreich ist das Vorkommen von Epoxyden in der Natur, und in der Industrie werden sie als Zwischenprodukte in großen Mengen hergestellt. Ein Beweis dafür ist die Weltproduktion des einfachsten 1859 von WURTZ (1) entdeckten Epoxyds, des Äthylenoxyds, die im Jahre 1955 rd. 500 000 t jährlich betrug. Die Internationale Union für Chemie (2) legte 1922 für diese Stoffklasse die Bezeichnung »Epoxyde« fest, doch wird besonders im angelsächsischen Schrifttum dafür häufig der Name »Oxirane« verwendet. Die umfassende Literatur hat A. M. PAQUIN (3) in einer Monographie zusammengestellt. Nachstehend werden einige Angaben gebracht und durch weitere Veröffentlichungen ergänzt, soweit sie im Rahmen eigener Versuche von Interesse sind.

1. Natürliches Vorkommen

Eine große Anzahl von Carotinoiden wurde von OSWALD (4) als Epoxy-Verbindungen erkannt. Dem Violaxanthin ließ sich die Struktur eines Zeaxanthin-di-epoxyds zuordnen, während man das Antheraxanthin aus Tigerlilien-Blüten als Zeaxanthin-monoepoxyd identifizierte. Es handelt sich hierbei um Epoxyde des Jononringes. Im Antheraxanthin ist nur ein Jononring epoxydiert, während im Violaxanthin beide Ringe als Epoxyde vorliegen. KARRER und JUCKER (5) wiesen auf die Bedeutung des Xanthophyll-epoxyds als Zwischenprodukt bei der Bildung von Flavoxanthin und Chrysanthemaxanthin hin, die in Winteraster- (6), Ginster- (7) und Hahnenfußblüten (8) vorkommen. Durch weitere Untersuchungen konnte KARRER (9) auch den Beweis für das natürliche Vorkommen von α-Carotin-epoxyd erbringen. Die Aufarbeitung von Fischleberölen ermöglichte die Abtrennung des Epoxyds des Vitamins A (Hepaxanthin) (10). Die Frage ist noch offen, ob sich das Epoxyd schon im tierischen Organismus gebildet hat oder erst bei dem Aufarbeitungsprozeß entstanden ist. Die Verbindung wurde aber auch in frischen Leberölen beobachtet. Sichergestellt ist hingegen, daß Carotin-epoxyde im Pflanzenreich vorkommen.

In neuerer Zeit konnte auch das natürliche Vorkommen von *Epoxy-fettsäuren* in Form ihrer Triglyceride nachgewiesen werden. Im Pflanzenreich scheinen sie weit verbreitet zu sein, so z. B. in Compositen (Vernonia und Chrysanthemum), Euphorbiaceen (Chephalocroton), Malvaceen (Hibiscus), Cruciferen (Camelina) und Onagraceen (Clarkia). Die Samenöle verschiedener Pflanzen weisen einen beachtlichen Epoxyd-Gehalt auf, der auf Epoxy-ölsäure bezogen bis zu 70% beträgt. Von EARLE und WOLFF (11) wurden mit Hilfe der Bromwasserstoff-Bestimmungsmethode folgende Gehalte ermittelt:

Samenöle	Epoxyd-Gehalt
Artemisia absinthum	23%
Chrysanthemum coronarium	16%
Cynara cardunculus	12%
Dimophotheca aurantiaca	52%
Heliopsis helianthoides	13%
Vernonia anthelmintica	68%

Vernolsäure aus Vernonia anthelmintica-Samenöl (bis zu 74%) war die zuerst gefundene natürlich vorkommende Epoxy-fettsäure. GUNSTONE und MORRIS (12) klärten ihre Struktur auf und identifizierten sie als cis-12,13-Epoxy-9-cis-octadecensäure. Sie wurde auch im Samenöl von Clarkia elegans (13), Cephalocroton cordofanus (14) (bis zu 66%), Vernonia colorata, Hibiscus esculentus (okra) (15) und Hibiscus cannabinus (16) gefunden.

Coronarsäure (17) kommt im Samenöl von Chrysanthemum coronarium vor und wurde als cis-9,10-Epoxy-12-cis-octadecensäure indentifiziert. Als Bestandteil des Samenöls von Camelina sativa fanden GUNSTONE u. MORRIS (18) weiterhin die cis-15, 16-Epoxy-9-cis-12-cis-octadecadiensäure. Nach der Hydrolyse und Hydrierung wurde 15,16-Dihydroxy-stearinsäure isoliert. Das Samenöl von Tragopogon porrifolius (19) enthält die cis-9,10-Epoxy-octadecansäure.

Nach den bisherigen Untersuchungen kommen demnach folgende Epoxy-fettsäuren als Naturprodukte vor:

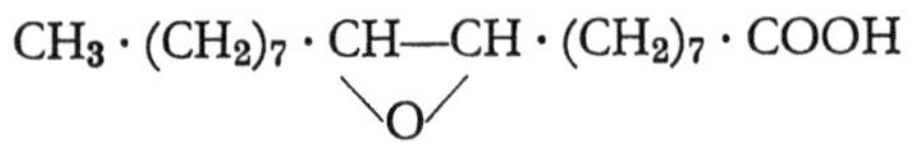

$$CH_3 \cdot (CH_2)_7 \cdot CH\!-\!CH \cdot (CH_2)_7 \cdot COOH$$
$$\diagdown\!O\!\diagup$$

cis-9,10-Epoxy-octadecansäure

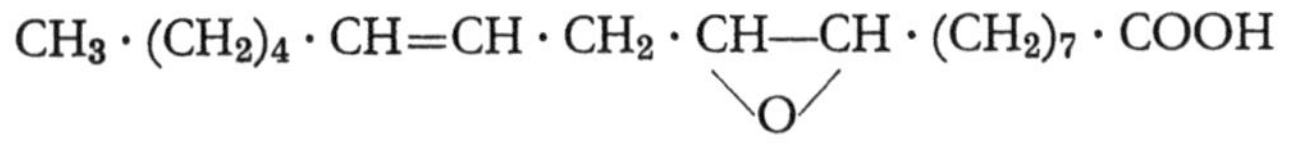

$$CH_3 \cdot (CH_2)_4 \cdot CH\!=\!CH \cdot CH_2 \cdot CH\!-\!CH \cdot (CH_2)_7 \cdot COOH$$
$$\diagdown\!O\!\diagup$$

cis-9,10-Epoxy-12-cis-octadecensäure

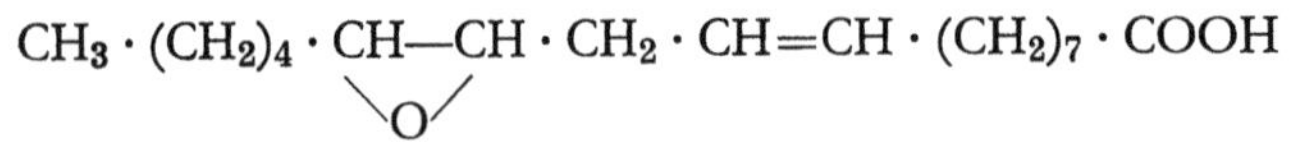

$$CH_3 \cdot (CH_2)_4 \cdot CH\!-\!CH \cdot CH_2 \cdot CH\!=\!CH \cdot (CH_2)_7 \cdot COOH$$
$$\diagdown\!O\!\diagup$$

cis-12,13-Epoxy-9-cis-octadecensäure

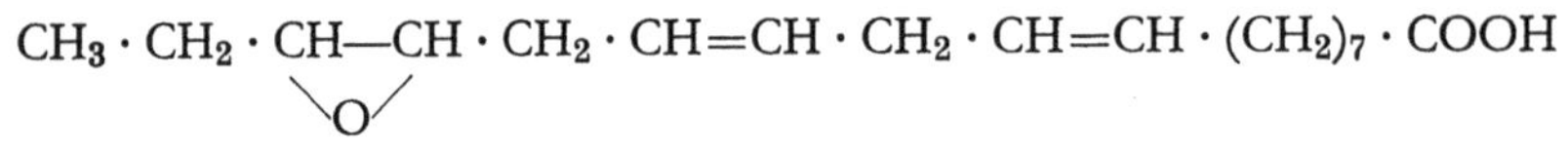

$$CH_3 \cdot CH_2 \cdot CH\!-\!CH \cdot CH_2 \cdot CH\!=\!CH \cdot CH_2 \cdot CH\!=\!CH \cdot (CH_2)_7 \cdot COOH$$
$$\diagdown\!O\!\diagup$$

cis-15,16-Epoxy-9-cis-12-cis-octadecadiensäure

Alle natürlich vorkommenden Epoxy-fettsäuren besitzen cis-Konfiguration und ergeben nach der Hydrolyse unter Inversion trans-Glykole.

Auch in der Gruppe der Antibiotica wurden verschiedene Stoffe als Epoxyde identifiziert. Die Terreinsäure (20), ein antibiotisch wirksames Stoffwechselprodukt von Aspergillus terreus, hat die Konstitution eines 5,6-Epoxy-3-hydroxy-toluchinons.

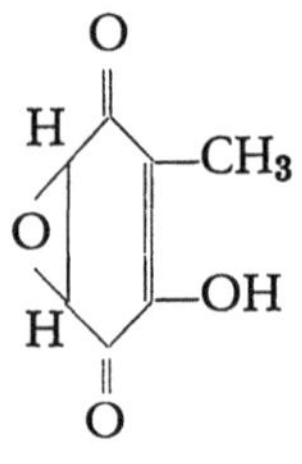

Terreinsäure

Nach Untersuchungen von WOODWARD (21) enthält das Antibioticum Oleandomycin ebenfalls eine Epoxy-Gruppe:

[Strukturformel Oleandomycin]

Oleandomycin

Ein Antibioticum von hoher Wirksamkeit ist das Di-epoxyd Fumagillin (22), das bis zu einer Verdünnung von 10^{-7} angewandt werden kann:

[Strukturformel Fumagillin]

Fumagillin

Unter den Alkaloiden verdient das Scopolamin als natürliches Epoxyd von großer therapeutischer Wirkung Beachtung. Es ist in den Solanaceen weit verbreitet. E. SCHMIDT (23) entdeckte es bereits 1888 in Scopolia-Arten. Seine periphere Wirksamkeit gleicht der des Atropins.

Aus der Gruppe der ätherischen Öle sei das Aurapten genannt, das BÖHME und PIETSCH (24) aus bitterem Pommeranzenschalenöl extrahierten und als Mono-epoxyd erkannten:

[Strukturformel Aurapten]

Aurapten

Was die Biogenese natürlicher Epoxyde anlangt, so handelt es sich zum Teil wahrscheinlich um primäre Autoxydationen (25). So konnte von ELLIS (26) durch Autoxydation von Elaidinsäure ein Epoxyd isoliert werden. Nach den Untersuchungen von

FRANKE (27) liegt es nahe, daß zunächst entstehende Peroxyde noch nicht in Reaktion getretene Doppelbindungen epoxydieren, analog der Epoxydierung mit Persäuren. In der Pflanzenzelle tritt möglicherweise an die Stelle von Persäuren das Hydroperoxyd, das unter Teilnahme der Peroxydase epoxydiert (28). Auch könnten Epoxy-säuren aus Öl-, Linol- und Linolensäure unter Mitwirkung einer noch unbekannten Epoxydase gebildet werden, die vorzugsweise eine Doppelbindung angreift (29).

Schon unter dem Einfluß geringer Säuremengen können die Epoxyde der Carotinoide furanoide Systeme ausbilden oder ihren Sauerstoff unter Regenerierung des Carotinoid-Farbstoffes wieder abspalten. Der Epoxyd-Gehalt der Pflanzen ist stark jahreszeitlich bedingt. Die Bedeutung der Carotinoide für den Pflanzenstoffwechsel ist noch unbekannt. Möglicherweise beteiligen sich einige von ihnen in Form der Epoxyde an der Sauerstoff-Übertragung (30). Da α-Carotin-epoxyd und β-Carotin-di-epoxyd nach Rattenversuchen von H. VON EULER die volle Vitamin-A-Wirksamkeit zeigten, ist angenommen worden, daß sie im Organismus teilweise zu α-Carotin und β-Carotin desoxydiert werden, denn die Vitamin-A-Wirkung tritt nur bei nichtsubstituierten β-Jononringen ein.

2. *Physiologisches Verhalten*

Epoxy-Verbindungen können Additionsreaktionen mit Mercapto- und Amino-Gruppen des Eiweißes eingehen und so zu Zellschädigungen führen. Untersuchungen von FRAENKEL–CONRAT (31) zeigten, daß sie mit Proteinen bei physiologischem pH-Wert schnell reagieren. Die Wirkung von Di-epoxyden wurde teilweise mit der physiologischen Wirkung von Lost-Derivaten verglichen, deren Toxizität sich auf eine Alkylierung von Aminogruppen zurückführen läßt (32). Epoxyde wirken als elektrophile Agenzien unter den gleichen Bedingungen. Nucleinsäuren enthalten in hohem Maße dissoziierte Säuregruppen und begünstigen somit ebenfalls die Reaktion mit Epoxy-Verbindungen (33). Diese Feststellung führte zur Überprüfung zahlreicher Di-epoxyde und der Ergründung ihrer radiometrischen Eigenschaften (34) (den Röntgenstrahlen analog).

Nach Ansicht von EVERETT und KON (32) sollen Mono-epoxyde im gesunden Organismus keine Schädigung hervorrufen, während Di-epoxyde große Aktivität aufweisen. Di-epoxy-butan ist von starker biologischer Wirksamkeit, Substitution des Kohlenstoffgerüstes verringert die Aktivität. Di-epoxyde wirken als Verbindungsglieder bei Proteinen, indem sie an zwei Stellen mit reaktiven Zentren entweder innerhalb einer Proteinfaser reagieren oder zwei angrenzende Proteinfasern miteinander verbinden. Über eine tumorhemmende Wirkung von Epoxyden wurde berichtet (35). In der wachstumshemmenden Wirkung auf Tumore (36) liegt eine besondere Bedeutung dieser und ähnlicher Verbindungen. Sie finden Anwendung als Cytostatica bei Lymphosarkomen und Leukämie. Tumorhemmende und tumorerzeugende Wirkung gehen jedoch oft parallel. So ist z. B. das Vinylcyclohexen-di-epoxyd sicher cancerogen, wie Injektionen bei Ratten und Pinselungen an Mäusen zeigten (37).

Äthylenoxyd-Vergiftungen äußern sich beim Menschen in Kopfschmerzen, Nausea, Erbrechen, Singultus, Atemnot, Zyanose, Konjunktivitis und hartnäckigem Hustenreiz. In höheren Dosen wirkt es narkotisch. Die Vergiftung kann tödlich verlaufen (38).

3. *Darstellung von Epoxy-Verbindungen*

a) Mit Hilfe organischer Persäuren

Die am häufigsten angewandte Methode zur Darstellung von Epoxyden ist die Umsetzung von Olefinen mit organischen Persäuren:

$$\begin{array}{c}|\ |\\ C=C\\ |\ |\end{array} + RC\underset{OOH}{\overset{O}{\diagup}} \rightarrow \begin{array}{c}|\ |\\ -C\!-\!\!-\!C-\\ \diagdown O \diagup\end{array} + RCOOH$$

Im Vordergrund stehen hierbei die Verwendung von Perameisensäure (39), Peressigsäure (40), Perbenzoesäure (41), Monoperphthalsäure (42), Trifluor-peressigsäure (43) (zur Epoxydierung von Crotonsäureestern und Acrylsäureestern), Perkamphersäure (44), Perlaurinsäure (45) und Perpelargonsäure (46). In Abhängigkeit von den Versuchsbedingungen kann die Reaktion unter Bildung von Acyloxy-Hydroxy-Derivaten oder Glykolen weitergeführt werden:

$$\begin{array}{c}|\ |\\ -C\!-\!\!-\!C-\\ \diagdown O \diagup\end{array} + RCOOH \rightarrow \begin{array}{c}OH\\ |\ |\\ -C\!-\!C-\\ |\ |\\ OCOR\end{array} \xrightarrow{H_2O} \begin{array}{c}OH\\ |\ |\\ -C\!-\!C-\\ |\ |\\ OH\end{array} + RCOOH$$

Zur Isolierung der Epoxyde müssen allgemein milde Bedingungen angewandt und stärkere Säuren ausgeschlossen werden. Die Epoxydierungsgeschwindigkeit hängt wesentlich von der Natur der ungesättigten Verbindung ab (40). Bei isolierten Doppelbindungen, wie sie in den meisten Fettsäuren und fetten Ölen vorliegen, erfolgt die Epoxydierung leicht in 2–4 Std., im Gegensatz zu endständigen Doppelbindungen, bei denen die Umsetzung ca. 30 Std. beansprucht (47) (vgl. 1-Octadecen und 1-Tetradecen). Die Untersuchung der Reaktionsgeschwindigkeit zeigte, daß die Umsetzung mit Persäuren schneller verläuft, wenn das der Doppelbindung benachbarte H-Atom durch Alkylgruppen ersetzt ist (48). Die Reaktionsgeschwindigkeit wird herabgesetzt, wenn elektronenanziehende Gruppen, wie Carbonyl- oder Carboxylgruppen, der Doppelbindung benachbart oder in unmittelbarer Nähe stehen. Die Beständigkeit aliphatischer Persäuren erhöht sich mit Zunahme der Kettenlänge; sie ist im allgemeinen aber geringer als die aromatischer Persäuren.

b) Säureabspaltung aus Halogenhydrinen

$$\begin{array}{c}|\ |\\ C=C\\ |\ |\end{array} + HOX \rightarrow \begin{array}{c}|\ X\\ |\ |\\ -C\!-\!C-\\ |\ |\\ OH\ |\end{array}$$

$$\begin{array}{c}|\ X\\ |\ |\\ -C\!-\!C-\\ |\ |\\ OH\ |\end{array} - HX \rightarrow \begin{array}{c}|\ |\\ -C\!-\!\!-\!C-\\ \diagdown O \diagup\end{array}$$

Diese älteste Darstellungsmethode verläuft über zwei Stufen, die Ausbeuten sind dementsprechend oft nicht gut. Die Addition der unterhalogenigen Säuren zu Halogenhydrinen erfolgt im allgemeinen bereits bei der Einwirkung der wäßrigen Lösungen der elementaren Halogene (oder durch Reaktion mit Chlorkalk und verdünnter Säure). Die Abspaltung des Halogenwasserstoffs kann mit Alkalien (49), Barytlauge (50), Alkalialuminaten, Alkalisilikaten und Alkalizinkaten durchgeführt werden. In neuerer Zeit wird auch die Säureabspaltung mit stark basischen Ionenaustauschern angewandt (51).

c) Glycidester-Synthese

ERLENMEYER (52) führte die erste Glycidester-Synthese durch. Von DARZENS und CLAISEN (53) wurde diese Methode weiter entwickelt. Sie beruht auf der Kondensation von Aldehyden oder Ketonen mit α-Halogenfettsäureestern unter der Einwirkung von Natriumamid oder Natriumalkoholaten (54), z. B.

$$\begin{array}{c} R' \\ R \end{array}\!\!\!\!C=O + XCH_2 \cdot C\!\!\!\begin{array}{c} O \\ OR \end{array} \xrightarrow{-HX} \begin{array}{c} R' \\ R \end{array}\!\!\!\!C\!\!-\!\!\!\begin{array}{c} H \\ C \\ O \end{array}\!\!\!\!\cdot C\!\!\!\begin{array}{c} O \\ OR \end{array}$$

Diese Verbindungsklasse hat für die Riechstoff- und Aromenindustrie größte Bedeutung erlangt (55). Der Methyl-phenyl-glycidsäureäthylester besitzt einen starken erdbeerartigen Geruch und wird vielfach verwendet.

d) Katalytische Epoxydierung

Der Einsatz von Silberkontakten ermöglichte die katalytische Anlagerung von Luftsauerstoff an Olefinverbindungen bei Temperaturen von 200 bis 500° und erhöhten Drucken (Äthylenoxyd (56), Styroloxyd (57)). Weitere Untersuchungen zeigten, daß Epoxydierungen mit organischen Carbonsäuren und Wasserstoffperoxyd in Gegenwart eines Katalysators (58) durchgeführt werden können. Besondere Beachtung fand hier die Anwendung sulfogruppenhaltiger Ionenaustauscher (59).

e) Darstellung mit Hilfe von Mikroorganismen

SHULL und BLOOM (60) wiesen auf die Möglichkeit der Epoxydierung von Steroiden durch Mikroorganismen hin. Die Epoxydierung von
$\Delta^{4,9(11)}$-Pregnandien-17α,21-diol-3,20-dion zu
Δ^4-9β,11β-Epoxy-pregnen-17α,21-diol-3,20-dion
haben HANSEN (61) mit Cunninghamella blakesleeana, SCHULL und KITA (62) mit Curvularia lunata nachgewiesen. $\Delta^{4,14}$-Pregnandien-17α,21-diol-3,20-dion konnte mit einer Reihe von Pilz-Kulturen in Δ^4-14α,15α-Epoxy-pregnen-17α,21-diol-3,20-dion überführt werden (63).

4. Reaktionen und technische Verwendung

Durch die leichte Öffnung des Epoxy-Dreiringes werden die Polymerisationen und Reaktionen mit Verbindungen, die reaktionsfähige Gruppen enthalten, ermöglicht. Die wichtigsten Umsetzungen sollen hier nur schematisch angeführt werden.
Reaktion mit:

H_2O (64)
$$\begin{array}{c} OH \\ | \\ -C-C- \\ | \\ OH \end{array}$$

HCl, HBr (65)
$$\begin{array}{c} OH \\ | \\ -C-C- \\ | \\ Cl \end{array} ; \quad \begin{array}{c} OH \\ | \\ -C-C- \\ | \\ Br \end{array}$$

Ebenso reagieren H_2S (66), HCN (67), ROH (68), RSH (69), HSCN (70).
NH_3 (71), RNH_2, R_2NH und $RCNH_2$
$$\|$$
$$O$$
$$\begin{array}{c} OH \\ | \\ -C-C- \\ | \\ NH_2 \end{array}$$

$SOCl_2$ (72)
$$\begin{array}{c} | \quad | \\ (-C-C-O-)_2SO \\ | \quad | \\ Cl \end{array}$$

Analog reagieren Halogen-Derivate von Arsen, Phosphor und Silicium.

NaHSO$_3$ (73) $\quad$ —C—C— mit OH oben am ersten C und SO$_3$Na unten am zweiten C

$$\text{NaHSO}_3\ (73) \quad \begin{array}{c} \text{OH} \\ |\ \ \ \\ -\text{C}-\text{C}- \\ |\ \ \ | \\ \ \ \ \ \text{SO}_3\text{Na} \end{array}$$

$$\text{C}_6\text{H}_6\ (74) \quad \begin{array}{c} \text{OH} \\ |\ \ \ \\ -\text{C}-\text{C}-\text{C}_6\text{H}_5 \\ |\ \ \ | \end{array}$$

$$\text{CH}\equiv\text{CH}\ (75) \quad \begin{array}{c} \text{OH} \\ |\ \ \ \\ -\text{C}-\text{C}-\text{C}\equiv\text{CH} \\ |\ \ \ | \end{array}$$

Reaktion mit:

$$\text{RCOCl}\ (76) \quad \begin{array}{c} \text{Cl} \\ |\ \ \ \\ -\text{C}-\text{C}- \\ |\ \ \ \text{OCOR} \end{array}$$

$$\text{RMgX}\ (77) \quad \begin{array}{c} |\ \ \ | \\ -\text{C}-\text{C}-\text{R} \\ \text{OH}\ | \end{array}$$

$$\text{MgBr}_2\ (77) \quad \begin{array}{c} |\ \ \\ -\text{C}-\text{C}- \\ \|\ \ \ | \\ \text{O} \end{array}$$

$$R-C\!\!\begin{array}{c}{}^{\diagup\text{H}}\\{}_{\diagdown\text{O}}\end{array};\ R-\underset{\underset{\text{O}}{\|}}{\text{C}}-R'\ (78)\quad \begin{array}{c}|\ \ |\\-\text{C}-\text{C}-\\|\ \ |\\ \text{O}\ \ \text{O}\\ \diagdown\diagup\\ \text{C}\\ \diagup\diagdown\\ \text{R}\ \text{H}\end{array};\quad \begin{array}{c}|\ \ |\\-\text{C}-\text{C}-\\|\ \ |\\ \text{O}\ \ \text{O}\\ \diagdown\diagup\\ \text{C}\\ \diagup\diagdown\\ \text{R}\ \text{R}'\end{array}$$

$$R-C\!\!\begin{array}{c}{}^{\diagup\text{O}}\ (79)\\{}_{\diagdown\text{OH}}\end{array} \quad \begin{array}{c}\text{OH}\\ |\ \ \ \\ -\text{C}-\text{C}-\text{OCOR}\\ |\ \ \ |\end{array}$$

$$\begin{array}{c}R-C\!\!\begin{array}{c}{}^{\diagup\text{O}}\ (80)\\{}_{\diagdown\text{O}}\end{array}\\ R-C\!\!\begin{array}{c}{}^{\diagup}\\{}_{\diagdown\text{O}}\end{array}\end{array} \quad \begin{array}{c} |\ \ \ \ \ |\\ -\text{C}\ -\ \text{C}-\\ \cdot\ \ \ \ \cdot\\ \text{O}\ \ \ \text{O}\\ \cdot\ \ \ \ \cdot\\ \text{C=O}\ \text{C=O}\\ \cdot\ \ \ \ \cdot\\ \text{R}\ \ \ \ \text{R}\end{array}$$

Reaktion mit:

Glykokollestern (81) $\quad$ HO—CH$_2$—CH$_2$·N$\begin{array}{c}\diagup\text{CH}_2\text{—CH}_2\diagdown\\ \diagdown\text{CH}_2\text{—\ \ }\underset{\underset{\text{O}}{\|}}{\text{C}}\diagup\end{array}$O

Natriummalonester (82)

$$\begin{array}{c} \text{CH}_2\text{CH}_2 \quad \text{CH}_2-\text{CH}_2 \\ | \quad\quad\quad\text{C} \quad\quad | \\ \text{O}---\text{C} \quad\quad \text{C}---\text{O} \\ \parallel \quad\quad \parallel \\ \text{O} \quad\quad \text{O} \end{array}$$

Natriumacetessigester (83)

$$\begin{array}{c} \text{CH}_3-\text{C}=\text{O} \\ | \\ \text{H} \quad \text{C}-\text{CH}_2 \\ | \quad\quad\quad\quad \text{CH}_2 \\ \text{O}=\text{C}---\text{O} \end{array}$$

Hydrierung mit LiAlH$_4$, Na-Amalgam oder Raney-Nickel (84)

$$\begin{array}{c} | \quad | \\ -\text{C}-\text{C}- \\ | \quad | \\ \text{H} \quad \text{OH} \end{array}$$

Isomerisierung (85) mit ZnCl$_2$, Al$_2$O$_3$, W$_2$O$_3$, ThO$_2$, CuSO$_4$, Kieselgur, A-Kohle, Silicagel ergibt Aldehyde oder Ketone.

Auf die zahlreichen Anwendungen von Äthylenoxyd, Propylenoxyd usw. soll nicht eingegangen werden. Großen Umfang haben in den letzten Jahren Epoxyde auf dem Gebiet der Anstrichmittel und Kunststoffe erlangt, so z. B. als Epoxy-Harze, auch Äthoxylin-Harze, Epikote oder Epichlorhydrin-Harze genannt. In ihren Eigenschaften übertreffen sie teilweise schon länger bekannte Kunstharze. Die Anstriche zeichnen sich durch Haft-, Abrieb- und Schlagfestigkeit, chemische Widerstandsfähigkeit, Elastizität, Härte, Glanz- und Farbbeständigkeit aus. Ihre Herstellung (86) erfolgt durch Kondensation eines Alkohols oder Phenols mit Epichlorhydrin:

$$\text{ROH} + \text{CH}_2\underset{\text{O}}{-\!\!-\!\!-}\text{CH}\cdot\text{CH}_2\text{Cl} \rightarrow \text{R}\cdot\text{O}\cdot\text{CH}_2\cdot\underset{\text{OH}}{\text{CH}}\cdot\text{CH}_2\text{Cl}$$

Durch Behandlung mit Alkali wird aus dem Chlorhydrin das Epoxyd gebildet, das zur Härtung weiter kondensiert werden kann.

$$\text{ROCH}_2\cdot\underset{\text{OH}}{\text{CH}}-\underset{\text{Cl}}{\text{CH}_2} \xrightarrow{\text{Alkali}} \text{ROCH}_2\cdot\text{CH}-\text{CH}_2\ \text{(O)}$$

Als Phenol-Komponente steht Diphenylolpropan infolge seiner einfachen Herstellungsweise aus Aceton und Phenol im Vordergrund. In Abhängigkeit von den Reaktionsbedingungen erhält man Polymere, die folgenden Aufbau besitzen:

$$\text{CH}_2\cdot\text{CH}\cdot\text{CH}_2\!\!-\!\!\left[\text{O}\cdot\text{C}_6\text{H}_4\cdot\underset{\text{CH}_3}{\overset{\text{CH}_3}{\text{C}}}\cdot\text{C}_6\text{H}_4\cdot\text{O}\cdot\text{CH}_2\cdot\underset{\text{OH}}{\text{CH}}\cdot\text{CH}_2\right]_n\!\!\text{O}\cdot\text{C}_6\text{H}_4\cdot\underset{\text{CH}_3}{\overset{\text{CH}_3}{\text{C}}}\cdot\text{C}_6\text{H}_4\cdot\text{O}\cdot\text{CH}_2\cdot\text{CH}\cdot\text{CH}_2$$

Epoxy-Harze finden Verwendung als kalt-, luft- und ofentrocknende Anstriche. Sie können mit Aminen (87), Polyamiden (88), Polyamid-Harzen (aus dimerisierten Fettsäuren und Polyamiden hergestellt), Isocyanaten und Mercapto-Verbindungen (Thioplaste) gehärtet werden. In Kombination mit Phenol-, Harnstoff-, Melamin- und Alkydharzen ergeben sie ausgezeichnete Einbrennlacke. Mit geeigneten Fettsäuren

(Leinöl-, Ricinenöl-, Oiticicaöl-, Tallöl-, Sojaöl-, Kokosölfettsäuren) und Harzsäuren können sie zu luft- oder ofentrocknenden Anstrichmitteln verestert werden.

Epikote sind zum Teil mit Polyvinyl-formal, -acetal, -butyral, -acetat und Vinyl-Mischpolymerisaten verträglich. Im Gegensatz zu ungesättigten Fettsäureestern lassen sich epoxydierte Fettsäure-Ester und Glyceride mit chlorierten oder nicht-chlorierten Vinylharzen gut mischen. Diese Eigenschaft eröffnete ihnen neben der Verwendung von anderen Epoxyden ein weites Anwendungsgebiet als gute Weichmacher. Als Säureacceptoren wirken sie gleichzeitig stabilisierend für Polyvinylacetat, Polyvinylchlorid, Polyvinylidenchlorid, Mischpolymerisate von Polyvinyl- und Polyvinylidenchlorid, Chlorkautschuk und Polychlorstearinsäreester, die sich im Licht oder in der Wärme braun färben und an Elastizität verlieren (89).

Außer der Anwendung in der Kunstharz-Industrie als Preß- und Gießharze werden Epoxy-Harze als Klebemittel und zur Herstellung von Schichtstoffen verwendet. In der Elektro-Industrie dienen sie als Isolierlacke und zur Darstellung von Gehäusen und Hochspannungsisolatoren. Wegen ihrer günstigen dielektrischen Eigenschaften ersetzen sie bei Transformatoren das Öl. Die Papier- und Textil-Industrie verwendet sie neben den bisher üblichen Aminoharzen zum Hydrophobieren, Schlichten und Imprägnieren. Höhere epoxydierte Fettsäuren können auch für sich allein als Einbrennlacke verwendet werden (z. B. Epoxystearinsäure). Epoxydiertes Sojaöl wird in den USA in Tausenden von Tonnen hergestellt und mit Dicarbonsäuren, insbesondere Phthalsäure, zu Kunststoffen verarbeitet.

Epoxyde dienen ferner als Ausgangsstoffe zur Darstellung von Fasern, Färbereihilfsmitteln, Netz- und Waschmitteln, Lederbehandlungsmitteln, Emulgatoren, Emulsionsbrechern, Entschäumern und zur Darstellung fester Schäume. Man benutzt sie als Insecticide, Bactericide, zur Darstellung von Ionenaustauschern, Werkzeugen, Formen, Gesenken, Schmiermitteln und Zusatzmitteln für Kautschuk.

5. *Analyse von Epoxy-Verbindungen*

a) Qualitative Nachweise

α) Pyridin-Probe

Mit einer alkoholischen Lösung von Pyridinbasen (90) ergeben Epoxyde eine Farbreaktion, die auch zur quantitativen Bestimmung herangezogen wurde. Die Farbe kann in Abhängigkeit von den verwandten Epoxyden und Pyridinbasen violett, blau, rot oder grün sein.

β) p-Phenylendiamin-Probe (91)

Epoxyde zeigen beim Kochen mit einer wäßrigen p-Phenylendiamin-Lösung eine Rosafärbung. Dieser Nachweis wird aber teilweise durch andere Substanzen gestört.

γ) Dinitrothiophenol-Probe

Mit 2,4-Dinitro-thiophenol ergeben Epoxyde in einer alkalischen alkoholischen Lösung bei Zimmertemperatur einen kristallinen Niederschlag des entsprechenden Thioäthers (92).

δ) Proben nach FOUCRY (93)

1. Eine Lösung des Epoxyds in konzentrierter HNO_3 wird mit 63%iger Salpetersäure vermischt und nach einigen Minuten in 5%ige NaOH gegossen. Es entsteht eine orangerote Färbung.

2. Eine Lösung des Epoxyds in konzentrierter Schwefelsäure wird mit einer Lösung von Quecksilberoxyd in verdünnter Schwefelsäure versetzt (Déniges Reagens). Es bildet sich ein orangefarbener Niederschlag (94).

ε) *Nachweis durch IR-Spektroskopie* (95)

Epoxydgruppen enthaltende Verbindungen zeigen bei 8 μ eine charakteristische Absorptionsbande. Weitere zwei Banden werden zwischen 10,52 μ–11,58 μ und 11,57 μ bis 12,72 μ gefunden, deren Lagen aber konstitutionsabhängig sind.

b) Quantitative Nachweise

NICOLET und POULTER (96) beschrieben erstmalig eine quantitative Bestimmungsmethode für Epoxyde in ätherischer Lösung, die auf der Addition von Halogenwasserstoffen beruht. BLUMRICH und BANDEL (97) verwandten Trimethylammoniumchlorid in einer Lösung von Eisessig. GREENE arbeitete eine Bestimmungsmethode mit Pyridin-Salzsäure aus, die sich besonders für die Epoxyd-Bestimmung in Harzen eignet. An Stelle von Pyridin kann Chloroform als Lösungsmittel dienen (98). Zur Analyse von Fettsäure-epoxyden schlägt KING (99) eine Dioxan-Salzsäure-Lösung vor.

In der Einheitsmethode der American Oil Chemists' Society (AOCS Cd-9-57) dient eine Bromwasserstoff-Eisessig-Lösung zur Ermittlung des Epoxyd-Gehaltes (100). Von JUNGNICKEL und Mitarb. (101) wird die Halogenwasserstoff-Anlagerung an Epoxyde als die zuverlässigste Methode angegeben.

Die von SIGGIA (102) ausgearbeitete Oxydationsmethode beruht auf der Spaltung von Epoxyden mit Perjodsäure in Eisessig. Das nach Zugabe von Kaliumjodid ausgeschiedene Jod wird mit Thiosulfat-Stärke titriert. Die Reaktion mit Natriumthiosulfat (103) oder Natriumsulfit (104), bei der das freiwerdende Alkali titriert wird, bietet eine weitere Bestimmungsmöglichkeit.

II. Episulfido-Verbindungen

Das erste Episulfid, das Äthylensulfid, wurde im Jahre 1920 von DELÉPINE (105) und STAUDINGER (106) durch Einwirkung einer Schwefelwasserstoff enthaltenden Natriumsulfid-Lösung auf β-Chloräthylrhodanid erhalten. Im angelsächsischen Schrifttum wird diese Verbindungsklasse auch als Olefinsulfide, Thiirane oder Thiacyclopropane bezeichnet. Die Verwendung derartiger Produkte zur Schädlingsbekämpfung, in der Textil-, Kautschuk- und Kunststoff-Industrie hat diesen Verbindungstyp in den letzten Jahren bedeutsam werden lassen. Natürliche Vorkommen wurden bisher nicht beobachtet, allerdings sollen Äthylensulfide nach den Angaben von GUTHRIE (107) im Rohpetroleum vorhanden sein.

Die physikalischen Eigenschaften von Äthylensulfiden waren Gegenstand zahlreicher Untersuchungen. Es wurden die IR- und UV-Spektren (108), Dampfdrucke und thermodynamischen Eigenschaften untersucht, weiterhin die Dipolmomente (109) gemessen und die Spektren von Epoxyden und Episulfiden gegenübergestellt (110). Als Maß des Spannungszustandes des Dreiringes dienten die Verbrennungswärmen von Äthylensulfid, Äthylenimin, Äthylenoxyd und Cyclopropan (111).

Aliphatische, alicyclische und aromatische Episulfide unterscheiden sich wesentlich in ihren Eigenschaften. Aliphatische und alicyclische Episulfide zeichnen sich durch thermische Stabilität aus, besitzen aber eine große Neigung zur Polymerisation (112), die allerdings bei den höhermolekularen Verbindungen (113) ebenso wie ihre Reaktionsfähigkeit gegen Ringöffnungs-Reagenzien (Alkohole, Mercaptane, Amine, Säuren usw.) verlorengeht. Wesentlich anders verhalten sich aromatisch substituierte Episulfide, deren typischer Vertreter das Styrolsulfid ist. Bei ihnen tritt die Tendenz zur Polymerisation noch mehr in den Vordergrund, und die meisten Reaktionen verlaufen unter Schwefel-Abspaltung und Rückbildung des Olefins. Styroloxyd konnte nach eigenen Beobachtungen jahrelang ohne merkliche Polymerisation bei Zimmertemperatur aufbewahrt werden, während Styrolsulfid nach einigen Wochen im Kühlschrank zu einem hochviskosen Öl polymerisierte.

1. Darstellungsmethoden

Die beste Methode zur Darstellung von Episulfiden besteht in der Umwandlung von Epoxyden mit Agenzien, die in der Lage sind, Sauerstoff gegen Schwefel auszutauschen. Als besonders geeignet erwiesen sich hierfür Thiocyanate (KSCN, NH$_4$SCN), Natriumthiosulfat, Thioharnstoff, N-substituierte Thioharnstoff-Derivate (z. B. Thiobarbitursäure) und Thioamide. Die Thioharnstoff-Methode ist aber nur anwendbar zur Darstellung solcher Episulfide, die keine stark polaren Gruppen (z. B. Carbonyl- oder Carboxylgruppen) benachbart zum Epoxydring besitzen (114). Substitution durch Alkylgruppen kann diesen negativen Effekt kompensieren. Die Reaktion verläuft unter Umständen sehr heftig und muß bei niederen Temperaturen durchgeführt werden. Weiterhin ist die Säure- und Alkali-Empfindlichkeit verschiedener niederer aliphatischer Episulfide zu berücksichtigen. Durch Umsetzung von Epoxyden mit Thioverbindungen müßten grundsätzlich immer Episulfide gewonnen werden, wenn nach der Ringöffnung das Hydroxy-mercapto-Derivat entsteht.

$$-\underset{\underset{OH}{|}}{C}-\underset{\underset{SR}{|}}{C}-$$

Wesentlich ist aber hierbei, daß über ein cyclisches Thioxolan ein Austausch der S—R- zur O—R-Bindung stattfindet:

Weiterhin muß durch den Substituenten R die C—O-Bindung so gelockert werden, daß unter Austritt von RO$^-$ die Episulfid-Bildung erfolgen kann.

VAN TAMELEN (115) untersuchte den Mechanismus der Episulfid-Bildung durch Reaktion von Epoxyden mit Thiocyanaten am Beispiel des Cyclohexenoxyds:

Cyclohexenoxyd(1) reagiert mit dem Thiocyanat-Ion zum Anion des trans-2-Hydroxycyclohexylthiocyanats(2). Über eine Thioxolan-Ringstruktur(3) als Zwischenprodukt, das isoliert wurde (116), bildet sich das Anion des trans-2-Mercapto-cyclohexylcyanats(4),

das unter Abspaltung des Cyanat-Ions zum Episulfid cyclisiert. Die Reaktion mit Alkalirhodaniden ist mit einem bedeutenden Anstieg des pH-Wertes verbunden (117).
Eine weitere Darstellungsmöglichkeit bietet die Umsetzung von Äthanderivaten, die zwei benachbarte saure Reste enthalten, mit Natriumhydrogensulfid und schwachen Alkalien (Natriumhydrogencarbonat (118)):

$$-\underset{X}{\overset{|}{C}}-\underset{Y}{\overset{|}{C}}-$$

Die Gruppen X und Y können hierbei durch folgende Paare vertreten sein:

SCN; SCN (119)   SCN; Cl (120)
SH; Cl (121)   SH; OCOCH$_3$ (122)

z. B. $-\underset{SH}{\overset{|}{C}}-\underset{Cl}{\overset{|}{C}}-$ + NaHCO$_3$ → $-\overset{|}{C}\underset{\diagdown S \diagup}{}\overset{|}{C}-$ + NaCl + H$_2$O + CO$_2$

Zur Synthese der natürlich vorkommenden Liponsäure (Thioctsäure oder Dithionoctylsäure), die am Fettstoffwechsel beteiligt ist, geht man ebenfalls vom Dirhodanid aus (123):

$$\underset{\underset{SCN}{|}}{CH_2} \cdot CH_2 \cdot \underset{\underset{SCN}{|}}{CH} \cdot (CH_2)_4 \cdot COOR \xrightarrow[\text{Alkali}]{3 \text{ Mol}}$$

$$\underset{\underset{S\text{———}}{|}}{CH_2} \cdot CH_2 \cdot \underset{\underset{S}{|}}{CH} \cdot (CH_2)_4 \cdot COOH$$

Die Episulfid-Bildung kann auch durch thermische Dehydratation von 2-Hydroxymercaptanen stattfinden (124):

$$-\underset{OH}{\overset{|}{C}}-\underset{SH}{\overset{|}{C}}- \xrightarrow{-H_2O} -\overset{|}{C}\underset{\diagdown S \diagup}{}\overset{|}{C}-$$

Nach einem neueren Verfahren, bei dessen Anwendung hohe Ausbeuten erzielt werden, erfolgt die Pyrolyse erst nach Veresterung mit Phosgen (125):

$$\begin{array}{c} CH_2-CH_2 \\ || \\ OS \\ \diagdown C \diagup \\ \| \\ O \end{array} \xrightarrow[1\% \text{ Na}_2\text{CO}_3]{200° \text{ C}} CH_2-CH_2 + CO_2 \\ \diagdown S \diagup$$

Diese Methode zeichnet sich durch besondere Reinheit der Endprodukte aus, auch ist der Polymeranteil sehr gering. Eine Variante der letztgenannten Umsetzung besteht in der Veresterung mit Chlorameisensäureäthylester und der Esterspaltung mit Pyridin oder Alkali (126):

$$-\overset{|}{\underset{|}{C}}-\overset{|}{\underset{|}{C}}- \longrightarrow -\overset{|}{C}-\overset{|}{C}- + CO_2$$
$$OH\ \ S-\underset{\underset{O}{\|}}{C}-O-C_2H_5 \qquad\qquad \diagdown S \diagup$$
$$+ C_2H_5-OH$$

Die direkte Anlagerung von Schwefel an olefinische Doppelbindungen wurde zwar von MICHAEL zur Darstellung von Styrolsulfid (127), Episulfido-bernsteinsäurediäthylester und 2,3-Episulfido-buttersäuremethylester (128) beschrieben; der Beweis, daß es sich bei den gebildeten Produkten um Episulfide handelt, wurde aber nicht erbracht.

Zur *Stereochemie* der Bildung von Episulfiden aus Epoxyden mittels Rhodaniden sei bemerkt, daß nach Untersuchungen von PRICE und KIRK (129) die Umsetzung zweimal unter WALDEN'scher Umkehrung verläuft. Die Reaktion erfolgt unter trans-Ringöffnung und trans-Ringschluß, so daß die erhaltenen Episulfide die gleiche Konfiguration besitzen wie die zur Darstellung verwandten Epoxyde. Am Beispiel des D(+)-2,3-Epoxybutans wurde dieses näher untersucht: Die Umsetzung mit Rhodaniden lieferte L(—)-2,3-Episulfido-butan in 76%iger Ausbeute. Da die Darstellung mit Thioharnstoff ebenfalls über die Thioxolanstufe verläuft liegt der Reaktion ein gleicher Reaktionsmechanismus zugrunde.

Analog verläuft die Reaktion von Epoxyden mit Halogenwasserstoff und erneutem Ringschluß unter Halogenwasserstoff-Abspaltung. Bei Durchführung dieses Kreisprozesses wird das ursprüngliche Epoxyd ebenfalls mit gleicher Konfiguration zurückgewonnen (130).

2. Allgemeine Reaktionen

a) Polymerisation und Verhalten gegen Säuren

Der Verlauf der Ringöffnung von Episulfiden ist ähnlich dem der Epoxyde und wird von der Art des Reagenzes, den Substituenten am Äthylensulfid und den angewandten Katalysatoren bestimmt (131).

Cyclohexensulfid bildet in alkoholischer Lösung mit Hydrazin, Hydroxylamin, Guanidin und o-Aminothiophenol Polymere, weiterhin mit vielen anderen Agenzien, die mit Epoxyden definierte Umsetzungsprodukte ergeben.

Schwefelwasserstoff und Mercaptane setzen die Polymerisation herab, unwirksam sind dagegen Antioxydantien (132). Durch verdünnte Salzsäure wird Äthylensulfid zu einem amorphen Pulver polymerisiert, während konzentrierte Salzsäure das 2-Chlor-äthanthiol liefert (133). Die gleiche Umsetzung mit Propylensulfid ergab 2-Chlor-1-propanthiol (134).

Verdünnte und konzentrierte Schwefelsäure bewirken lediglich eine Polymerisation (135).

Mit siedender Essigsäure wird Cyclohexensulfid zum Mercapto-acetoxy-Derivat gespalten (136).

Acetylchlorid (137) reagiert mit verschiedenen Äthylensulfiden unter Bildung von 2-Chlor-mercapto-acetaten; Benzoylchlorid (138) und Acetylbromid (139) bilden mit Propylensulfid die entsprechenden Halogen-acyl-Derivate. Propylen- und Cyclohexensulfid liefern allerdings bei der Umsetzung mit Benzoylfluorid, Pikrylchlorid, 3,5-Dinitrobenzoylchlorid, Triphenylmethylchlorid, p-Toluolsulfochlorid und -fluorid lediglich Polymere (140).

Durch Einwirkung von Essigsäureanhydrid und Pyridin auf Äthylen- und Propylensulfid wurden die Diacetate gewonnen (141).

Gegen Wasser sind Äthylensulfide bei Raumtemperatur verhältnismäßig beständig (140).

b) Reaktion mit Halogenen

Der Reaktionsverlauf mit Halogenen ist sehr stark abhängig von den Reaktionsbedingungen und dem angewandten Episulfid (142). Wird Cyclohexensulfid mit Chlor behandelt, so findet Substitution des Schwefels durch 2 Chloratome statt.
Die Reaktion von Chlor und Brom mit Propylensulfid in wasserfreiem Medium ergibt Disulfide (143).

$$2\ CH_3 \cdot CH \cdot CH_2 + Cl_2 \rightarrow \begin{array}{c} CH_3{-}CH \cdot CH_2Cl \\ \vdots \\ S \\ \vdots \\ S \\ \vdots \\ CH_3 \cdot CH \cdot CH_2Cl \end{array}$$
(mit S-Brücke im Edukt)

c) Reaktion mit Alkoholen und Mercaptanen

Bei höheren Temperaturen und Anwendung von Katalysatoren (BF_3, Natriumalkoholat) erfolgt die Umsetzung mit Alkoholen und Mercaptanen zu Alkoxy-mercaptoäthan-Derivaten (144) und Dithioglykolmonoäthern (145).
Durch Reaktion von Cyclohexensulfid und Propylensulfid mit H_2S oder Kaliumhydrogensulfid gewinnt man die Dithiole (146).

d) Reaktion mit Aminen

In neuerer Zeit hat die Umsetzung von Episulfiden mit Aminen, die zur Darstellung von Mercapto-amino-Verbindungen führt, steigendes Interesse gefunden (147). Die Ausbeuten sind allerdings geringer als bei Verwendung der entsprechenden Epoxyde. Besonders ungünstig wird die Ausbeute durch raumfüllende Gruppen am Stickstoffatom beeinflußt. Diphenylamin und Dicyclohexylamin reagieren überhaupt nicht mit Äthylensulfid (144), während diese Umsetzung mit Äthylenoxyd ohne Schwierigkeiten verläuft. Cyclohexensulfid bildet mit Methylanilin 2-Methylanilino-cyclohexylmercaptan. Die Reaktion von Äthylensulfid und Propylensulfid mit prim. und sec. Aminen bei hohen Temperaturen ergibt vorwiegend 2-Mercapto-amine (148). Amine öffnen den Episulfid-Ring des Isobutylensulfids unter Angriff am prim. C-Atom (149). GILMAN und WOODS stellten aus Äthylensulfid und Lithium-diäthylamin β-Diäthylamino-äthylmercaptan her (150).

e) Reaktion mit Methyljodid

Die Einwirkung von Methyljodid auf Chlorpropylensulfid, Propylensulfid und Cyclohexensulfid lieferte Trimethylsulfoniumjodid und Dijodide (151):

$$\underset{S}{-C-C-} + 3\ CH_3J \rightarrow \underset{J\ \ J}{-C-C-} + (CH_3)_3SJ$$

Alle Versuche, den Schwefel direkt in eine höhere Oxydationsstufe überzuführen, schlugen fehl. Tetraphenyläthylensulfon konnte von STAUDINGER (152) nur auf einem Umweg gewonnen werden.

f) Abspaltung von Schwefel

Tetraphenyläthylensulfid zerfällt beim Erhitzen in Tetraphenyläthylen und Schwefel (153). Diphenylen-dichlor-äthylensulfid (154) spaltet schon bei längerer Aufbewahrung Schwefel ab. Bei der Einwirkung von nascierendem Wasserstoff geht Tetra-anisyläthylensulfid in Tetra-anisyl-äthylen über (155). Aryllithium- und Grignard-Verbindungen reagieren mit Äthylensulfiden unter Bildung von Thiophenolen und dem Olefingrundkörper (156), Triäthyl- und Triphenylphosphin mit Episulfiden unter Bildung der Olefine und Phosphinsulfide (157):

$$\begin{array}{c|c} | & | \\ -C-C- \\ | & | \\ \diagdown S \diagup \end{array} + P \begin{array}{c} R \\ \diagup \\ -R \\ \diagdown \\ R \end{array} \rightarrow \begin{array}{c} | & | \\ C=C \\ | & | \end{array} + S=P \begin{array}{c} R \\ \diagup \\ -R \\ \diagdown \\ R \end{array}$$

Analog setzen sich Triäthylphosphit (158) und Triphenylphosphit um. Es entstehen hierbei die Thiophosphate (159). Die Reaktion verläuft unter Erhaltung der Konfiguration. Aus cis-2,3-Episulfido-butan wurde cis-2,3-Buten gewonnen. Triphenylphosphin und Triäthylphosphit können ebenfalls zur Sauerstoff-Abspaltung aus Epoxyden herangezogen werden (160).

g) Reaktion mit Methylen-Verbindungen

Eine große Anzahl von Epoxyden wurde mit Methylen-Verbindungen umgesetzt, die ein schwach saures Wasserstoffatom besitzen (Malonester, Acetessigester usw.). Erfolgreich verlief aber bei Anwendung von Episulfiden nur die Umsetzung von Äthylensulfid mit Cyanessigsäure-äthylester, die 2-Imino-thiophan-3-carbonsäureäthylester ergab (161).

3. *Anwendungen von Episulfiden*

Bemerkenswert erscheinen einige neue technische Verwendungsmöglichkeiten des Äthylensulfids.
Von Barr, Speakman (162), Blackburn und Phillips (163) wird die Modifizierung von Wollfasern mit Äthylensulfid beschrieben. Lazier und Signiago kondensierten Mercapto-propylensulfid mit natürlichen und synthetischen Polymeren. Diese Kondensation ist der Reaktionsmöglichkeit mit Amino- und Mercaptogruppen in natürlichen Proteinen (Wolle) oder mit Hydroxylgruppen der Zellulose zuzuschreiben. Äthylensulfid ist ein wichtiges organisches Zwischenprodukt und dient bei zahlreichen Synthesen zur Mercaptoäthylierung (164). Die Umsetzung mit Aminen und anschließende Kondensation der Amino-mercaptane mit Carbonyl-Verbindungen (165), Phosgen, Methylenchlorid, Schwefelkohlenstoff und Dichloressigsäure wurde zur Darstellung von Thiazolidin-Derivaten benutzt (166).

B. Hauptteil

Zum Studium der Ringöffnung von Epoxy-Verbindungen wurde einerseits die trans-2,3-Epoxy-buttersäure mit Aminen umgesetzt, andererseits das Styroloxyd mit Fettsäuren verschiedener Kettenlänge.

I. α-Hydroxy-β-amino-buttersäure-Derivate

Die trans-2,3-Epoxy-buttersäure ließ sich durch Umsetzung von Chlor mit Natriumcrotonat in wäßriger Lösung bei 0° und Salzsäure-Abspaltung aus der gebildeten α-Chlor-β-hydroxy-buttersäure mit Natriumhydroxyd gewinnen. Zur Ringöffnung durch Amine war die Anwendung von Temperaturen zwischen 100° und 150° notwendig. Als Beispiele seien die Reaktion mit Benzylamin und p-Phenetidin genannt, wobei die α-Hydroxy-β-benzylamino-buttersäure und die α-Hydroxy-β-(4-äthoxyphenyl)-aminobuttersäure entstanden:

$$CH_3 \cdot CH \cdot CH \cdot COOH + RNH_2 \rightarrow CH_3 \cdot CH \cdot CH \cdot COOH$$
$$\underset{O}{\diagdown\diagup} \qquad\qquad\qquad\qquad\qquad\quad \underset{\underset{R}{NH}}{|} \ \underset{OH}{|}$$

$$R = -CH_2-\langle\!\!\!\!\bigcirc\!\!\!\!\rangle$$

$$-\langle\!\!\!\!\bigcirc\!\!\!\!\rangle-OC_2H_5$$

MARTYNOW (167) hat die Bildung von α-Hydroxy-β-amino-buttersäure-Derivaten bei der Reaktion von alkyl-substituierten Glycidsäuren und deren Estern mit Aminen nachgewiesen. In eigenen Versuchen gelang es, durch Umsetzung des Methylesters der trans-2,3-Epoxy-buttersäure mit Aminen substituierte α-Hydroxy-β-amino-buttersäureamide darstellen, und zwar unter den gleichen Bedingungen, wie sie vorstehend genannt wurden. Hierbei reagieren die Amine gleichzeitig mit der Estergruppe, so daß die entsprechenden Säureamide der N-substituierten α-Hydroxy-β-amino-buttersäure entstehen.
Die so erhaltenen Verbindungen zeichnen sich durch gute Kristallisationsfähigkeit aus. Zur Aminolyse des trans-2,3-Epoxy-buttersäuremethylesters dienten Propylamin, Butylamin, Äthanolamin, Cyclohexylamin und Benzylamin:

$$CH_3-CH-CH-COOCH_3 + 2\,RNH_2 \rightarrow CH_3-CH-CH-CONHR + CH_3OH$$
$$\underset{O}{\diagdown\diagup} \qquad\qquad\qquad\qquad\qquad\quad \underset{NHR}{|}\ \underset{OH}{|}$$

$$R = -CH_2 \cdot CH_2 \cdot CH_3$$
$$-CH_2 \cdot CH_2 \cdot CH_2 \cdot CH_3$$
$$-CH_2 \cdot CH_2OH$$
$$-\langle\!\!\!\!\bigcirc\!\!\!\!\rangle_H$$
$$-CH_2-\langle\!\!\!\!\bigcirc\!\!\!\!\rangle$$

II. Reaktion von Styroloxyd mit Fettsäuren

Styroloxyd findet heute eine immer umfangreichere Anwendung als Ausgangsstoff für die Herstellung von Kunststoffen und zur Darstellung wasser- und temperaturbeständiger Lacküberzüge, die auch gegen Alkali und organische Lösungsmittel resistent sind.

Durch Reaktion von Styroloxyd mit Copolymeren von Malein- oder Acrylsäure und den verschiedensten Olefin-Derivaten werden Textilhilfsmittel hergestellt (168). Hervorragende Anstrichmittel lassen sich durch Modifizierung von Alkyd-Harzen mit trocknenden Fettsäuren und Styroloxyd bereiten (169). Phenylglykol-di-ester von Fettsäuren mit 4–12 C-Atomen werden als Weichmacher, Lackzusätze und Zwischenprodukte für oberflächenaktive Stoffe, Dispergier- und Schmiermittel für Preßmassen (Polystyrol) verwendet (170).

1. Phenylglykol-mono-fettsäureester

Nachstehende Versuche sollten ermitteln, ob hochmolekulare Fettsäuren den Epoxyd-Ring des Styroloxyds öffnen. Benutzt wurden Myristin-, Palmitin-, Stearin- und Behensäure. Hierbei können die Reaktionen I und II in Konkurrenz treten:

$$C_6H_5 \cdot \underset{\diagdown O \diagup}{CH \cdot CH_2} + RCOOH \longrightarrow \underset{\diagdown}{C_6H_5 \cdot \underset{OH}{CH} \cdot CH_2 \cdot OCOR} \qquad I$$

$$C_6H_5 \cdot \underset{OCOR}{CH} \cdot CH_2OH \qquad II$$

Die Untersuchungen von HICKINBOTTOM und HOGG (171) zeigten, daß bei der Umsetzung von Styroloxyd mit Essigsäure neben 2-Acetoxy-2-phenyläthan-1-ol (II) vorwiegend 2-Acetoxy-1-phenyl-äthan-1-ol gemäß Reaktion I gebildet wird. Nach der Oxydation mit Chromsäureanhydrid in tertiärem Butanol entstand 2-Acetoxy-acetophenon. Bei der Reaktion mit Fettsäuren kann deshalb der gleiche Reaktionsverlauf angenommen werden. Es war zu erwarten, daß infolge der geringen Acidität der verwendeten Fettsäuren eine Ringöffnung des Styroloxyds unter Bildung von Mono-estern nur bei erhöhter Temperatur möglich ist. In der Tat lieferten die zunächst bei 100° in Toluol durchgeführten Versuche nur geringe Ausbeuten an Mono-estern. Die Bestimmung der Molekulargewichte und der Verseifungszahlen der erhaltenen wachsartigen Produkte zeigte aber, daß neben Mono-estern gleichzeitig Di-ester entstanden. Letztere wurden fast ausschließlich durch Erhitzen von Styroloxyd und Stearinsäure in Xylol auf 150° gebildet. Zur Herstellung von Mono-estern der Fettsäuren mußte deshalb ein Katalysator gefunden werden, der bei niederer Temperatur die Bildung von Mono-estern ermöglicht und die der Di-ester ausschließt. Es zeigte sich, daß zu dieser Katalyse wasserfreies Eisen-III-chlorid besonders geeignet ist. Bei der Anwendung saurer Katalysatoren besteht allgemein die Gefahr der Polymerisation und Isomerisierung des äußerst reaktionsfähigen Styroloxyds zum Phenylacetaldehyd. Durch innige Vermischung des Katalysators mit der umzusetzenden Fettsäure, Kühlung auf 0° und langsames Zutropfen von Styroloxyd unter guter Durchmischung ließen sich diese Nebenreaktionen weitgehend vermeiden. Auch konnte die Reaktionstemperatur auf 60–70° gesenkt werden. Zur Anwendung kamen äquimolekulare Mengen von Styroloxyd und der Fettsäuren. Nach der im experimentellen Teil beschriebenen Aufarbeitung ließen sich die nachfolgend angeführten Mono-ester durch Hochvakuum-Destillation in reiner Form gewinnen:

Phenylglykol-mono-myristinsäureester
Phenylglykol-mono-palmitinsäureester
Phenylglykol-mono-stearinsäureester
Phenylglykol-mono-behensäureester

Diese Ester stellen wachsartige Substanzen dar, die aus einem schwer trennbaren, unscharf schmelzenden Gemisch von 2-Acyloxy-2-phenyläthan-1-ol und 2-Acyloxy-1-phenyläthan-1-ol bestehen.

Styroloxyd zeigt bei 8,0 µ und 11,42 µ die für Epoxyde charakteristischen Absorptionsbanden. Nach der Veresterung treten sie nicht mehr auf. Die infolge der Ringöffnung entstehende OH-Gruppe bedingt die Absorption bei 2,79 µ und 2,89 µ, die im Spektrum des Phenylglykols ebenfalls auftritt und im Spektrum des Styroloxyds fehlt. Die entstehende Estergruppe zeigt die charakteristische Absorption bei 8,6 µ und 8,99 µ.

Banden des Phenylglykol-mono-palmitinsäureesters bei 3,44 µ und 3,51 µ entsprechen der Absorption der aromatischen bzw. aliphatischen CH-Bindungen. Das scharfe Absorptionsmaximum bei 5,78 µ stellt die Carbonylbande dar. Die Absorption bei 6,28 µ, 6,71 µ, 6,82 µ und 6,9 µ wird durch die C=C-Bindung im aromatischen Ring hervorgerufen. Bei 7,27 µ tritt eine C—H-Absorptionsbande auf. Weitere Absorptionsbanden erscheinen bei 9,4 µ, 9,73 µ und 14,35 µ, die auf den monosubstituierten Benzolkern zurückzuführen sind. Die breite schwache Bande bei 10,92 µ wird durch die C—C-Valenzschwingung bedingt.

2. *Phenylglykol-di-fettsäureester*

Zur Darstellung von Glykol-di-fettsäureestern eignet sich außer den üblichen Veresterungsmethoden auch die Umsetzung von Epoxyden mit Fettsäuren (172) oder Fettsäureanhydriden (173). Die Veresterung mit Säureanhydriden wird durch Erhitzen der Komponenten durchgeführt, dagegen muß bei Anwendung von Säuren das bei der Darstellung von Di-estern entstehende Wasser mit einem Wasserauskreiser aus dem Reaktionsgemisch abgetrennt werden.

$$\text{C}_6\text{H}_5-\overset{\text{H}}{\underset{}{\text{C}}}-\overset{\text{H}}{\underset{}{\text{CH}}} + 2\ \text{RCOOH} \rightarrow \text{C}_6\text{H}_5-\overset{\text{H}}{\underset{\underset{\underset{\text{R}}{\text{C}=\text{O}}}{\text{O}}}{\text{C}}}-\overset{\text{H}}{\underset{\underset{\underset{\text{R}}{\text{C}=\text{O}}}{\text{O}}}{\text{CH}}} + \text{H}_2\text{O}$$

Der Zusatz eines sauren Veresterungskatalysators beschleunigt die Reaktion. Zur Gewinnung der Phenylglykol-di-fettsäureester aus Styroloxyd und Fettsäuren wurde die Umsetzung in Toluol unter Zusatz von p-Toluolsulfonsäure durchgeführt und mittels azeotroper Destillation das Wasser aus dem Reaktionsgemisch entfernt. Nach Abscheidung der berechneten Wassermenge im Auskreiser nahm man mit Äther auf und entfernte überschüssige Säure durch Ausschütteln mit Natriumcarbonat-Lösung. Nach Aufarbeitung der organischen Phase und Abdampfen des Äthers wurde das Rohprodukt in Aceton gelöst und mit A-Kohle geklärt. Durch Kristallisation aus diesem Lösungsmittel bei —20° ließen sich folgende Phenylglykol-di-fettsäureester in Form seidenglänzender weißer Nadeln gewinnen:

Phenylglykol-di-myristinsäureester
Phenylglykol-di-palmitinsäureester
Phenylglykol-di-stearinsäureester

III. Thioäther

Neben den bisher bekannten Epoxy-Harzen gewinnen schwefelmodifizierte Harze infolge ihrer verbesserten Elastizität immer mehr an Bedeutung. Sie werden im allgemeinen durch Umsetzung von Di- oder Poly-epoxy-Verbindungen mit Schwefelwasserstoff, mehrwertigen Thiophenolen und Mercaptanen bereitet. Höhermolekulare Polysulfide stehen hierbei besonders im Vordergrund. So wurden Kondensationsprodukte von Epichlorhydrin mit H_2S (174) oder 1,4-Butandithiol (175) hergestellt. In Frage kommen weiterhin aliphatische Dithiole mit 2–16 C-Atomen, heterocyclische Polythiole und Thiocole (176). Letztere werden durch Kondensation von Bis-2-chloräthyl-formaldehydacetal mit Natriumpolysulfiden erhalten. Als Epoxyd-Komponenten dienten Bisphenol-Abkömmlinge, Diglycidäther oder -thioäther und polymere Allylglycidäther. Durch Kondensation von Epoxyharz-Vorprodukten mit Thiocolen wurden Produkte erhalten, deren Eigenschaften die der Epikote übertrafen (177). Polysulfid-Epoxyd-Additionsverbindungen dürften wegen ihrer hervorragenden Eigenschaften gute Zukunftsaussichten haben. Es schien deshalb von Interesse, den Reaktionsverlauf von Fettsäure-epoxyden mit Mercaptanen näher zu studieren.

1. Synthese von 10-Hydroxy-11-mercapto-undecansäure-Derivaten

Es ist bekannt, daß Epoxyde bei der Autoxydation von Fetten entstehen. Beim Genuß solcher Produkte ist die Möglichkeit der Reaktion mit biologisch wichtigen Eiweißkomponenten (Cystein) gegeben, die zu allgemeinen Schädigungen führen kann.
Die nachstehenden Versuche zeigten, daß Mercaptane schon bei niederer Temperatur äußerst schnell mit Epoxyden reagieren können. Der zur Ringöffnungs-Reaktionen verwandte 10,11-Epoxy-undecansäuremethylester wurde durch Epoxydierung von Undecylensäuremethylester mit Peressigsäure dargestellt. Die Reaktion mit Mercaptanen kann in Abhängigkeit von der Richtung der Ringöffnung unter Bildung von 10-Hydroxy-11-mercapto-undecansäure-Derivaten oder 10-Mercapto-11-hydroxy-undecansäure-Derivaten ablaufen:

$$RSH + CH_2-CH-(CH_2)_8-COOCH_3 \rightarrow$$
$$\diagdown O \diagup$$

$$R-S-CH_2-CH-(CH_2)_8-COOCH_3$$
$$\qquad\qquad\quad |$$
$$\qquad\qquad\ OH$$

oder

$$CH_2-CH-(CH_2)_8-COOCH_3$$
$$\ |\qquad\ |$$
$$OH\quad SR$$

Daß bei der Reaktion von 10,11-Epoxy-undecansäuremethylester mit Mercaptanen unter den angewandten Bedingungen die 10-Hydroxy-11-mercapto-undecansäuremethylester entstehen, wurde am Beispiel der Umsetzung mit Thiophenol bewiesen.
Als Katalysatoren zur Ringöffnung von Epoxyden mit Mercaptanen verwendet man

allgemein Alkalien oder die entsprechenden Alkalimercaptide bei erhöhter Temperatur. Eigene Untersuchungen ergaben, daß zur Durchführung dieser Reaktion der stark basische Ionenaustauscher Amberlit IRA 400 in der OH-Form besonders geeignet ist, bei dessen Anwendung sehr gute Ausbeuten erhalten wurden und keine Veränderung der Estergruppe auftrat.

Dieser Ionenaustauscher von der Fa. *Röhm* & *Haas* ist auf der Basis Polystyrol aufgebaut, das durch Divinylbenzol vernetzt ist. Die aktiven quartären Ammoniumgruppen sind durch eine Methylenbrücke mit dem Kern verbunden. Der käufliche Ionenaustauscher enthält als Anion Cl^-. Zur Überführung in die OH-Form wird er in einer Säule mit 4%iger Natronlauge behandelt, neutral gewaschen und anschließend zur Entfernung des Wassers mit Methanol gespült. Der Alkohol läßt sich durch Trocknen über Phosphorpentoxyd im Vakuumexsikkator entfernen. In getrockneter Form ist er nur einige Tage haltbar und zersetzt sich dann, erkenntlich an einem starken Amingeruch. Die Suspension in Methanol kann im Kühlschrank ca. 4 Wochen aufbewahrt werden, ohne an Wirksamkeit zu verlieren.

Ionenaustauscher als Katalysatoren für derartige Epoxy-Reaktionen sind bisher nicht in der Literatur beschrieben worden. Zur Durchführung der Umsetzung trägt man den getrockneten Katalysator in das Epoxyd-Mercaptan-Gemisch ein. Unter einer Stickstoffatmosphäre und starkem Rühren wird die Reaktion einige Stunden bei ca. 65° (maximale Temperaturbelastung) durchgeführt. Nach Abfiltrieren des Katalysators erfolgt die Reinigung des Reaktionsgemisches durch Kristallisation oder Hochvakuumdestillation. Die beschriebene Methode ergab bei der Umsetzung von Äthylmercaptan, Thiophenol und Thioglykolsäureäthylester mit 10,11-Epoxy-undecansäure-methylester nachstehende 10-Hydroxy-11-mercapto-undecansäuremethylester, deren anschließende Verseifung mit alkohol. KOH die freien Säuren mit guten Kristallisationseigenschaften lieferte.

$$R \cdot S \cdot CH_2 \cdot \underset{\underset{OH}{|}}{CH} \cdot (CH_2)_8 \cdot COOCH_3$$

$$R = -C_2H_5$$
$$-C_6H_5$$
$$-CH_2 \cdot COOC_2H_5$$

$$\downarrow \text{Verseifung}$$

$$R' \cdot S \cdot CH_2 \cdot \underset{\underset{OH}{|}}{CH} \cdot (CH_2)_8 \cdot COOH$$

$$R' = -C_2H_5$$
$$-C_6H_5$$
$$-CH_2 \cdot COOH$$

10-Hydroxy-11-äthylmercapto-undecansäuremethylester und 10-Hydroxy-11-phenylmercapto-undecansäuremethylester sind farblose kristalline Substanzen. Der 10-Hydroxy-11-carbäthoxymethylmercapto-undecansäuremethylester wurde durch Hochvakuumdestillation als schwach gelbliches viskoses Öl erhalten.

Der Konstitutionsbeweis wurde am Beispiel des Umsetzungsproduktes von Thiophenyl mit 10,11-Epoxy-undecansäuremethylester wie folgt geführt.

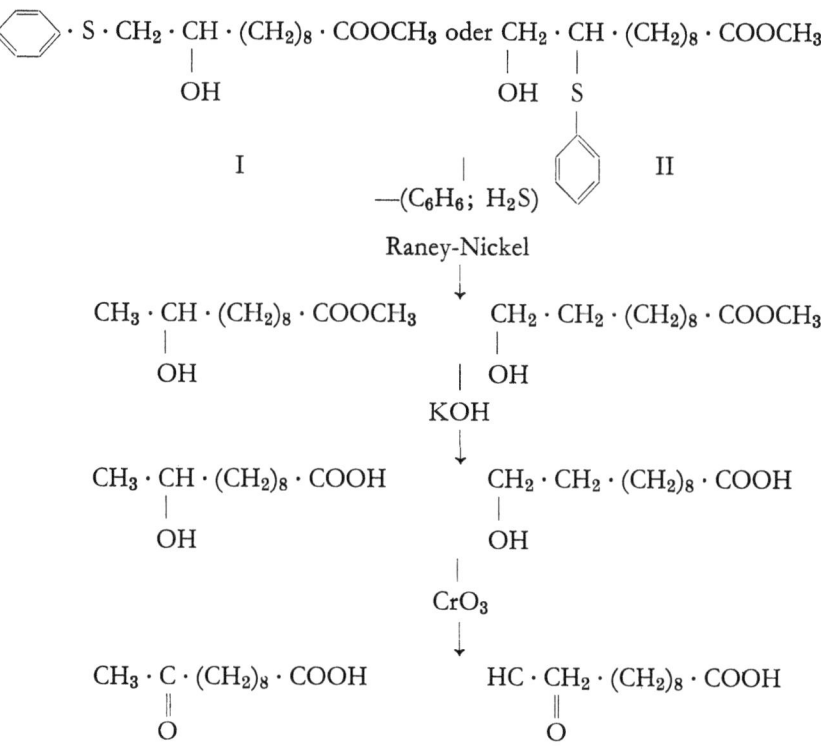

Zur Unterscheidung, ob bei der Ringöffnungsreaktion das Thiophenol am C_{11}-Atom (I) oder am C_{10}-Atom (II) angreift, wurde die Phenylmercapto-Gruppe durch Entschwefelung mit Raney-Nickel in einer Wasserstoffatmosphäre unter Bildung von Schwefelwasserstoff und Benzol durch Wasserstoff ersetzt. Den Verlauf der beiden Umsetzungsmöglichkeiten gibt das Reaktionsschema wieder. Durch Verseifung mit methanolischer Kalilauge überführte man den Hydroxy-undecansäuremethylester in die Hydroxy-undecansäure, die sich als identisch erwies mit der von CHUIT (178) beschriebenen 10-Hydroxy-undecansäure. Die Oxydation mit Chromsäureanhydrid bei Zimmertemperatur lieferte die ebenfalls bekannte 10-Keto-undecansäure (178) mit dem in der Literatur angegebenen Schmelzpunkt.

Damit ist der Beweis erbracht, daß die Reaktion von Mercaptanen mit 10,11-Epoxy-undecansäuremethylester unter Bildung von Derivaten des 10-Hydroxy-11-mercapto-undecansäuremethylesters gemäß I erfolgt.

2. (β-Phenyl-β-hydroxyäthyl)-thioäther

In Ergänzung der beschriebenen Reaktionen des 10,11-Epoxy-undecansäuremethylesters wurde auch Styroloxyd mit Äthylmercaptan, Thiophenol und Thioglykolsäureäthylester bei Gegenwart von Amberlit IRA 400 als Katalysator umgesetzt. Die Reaktion verlief wesentlich schneller, und bei Anwendung von Thiophenol war eine genaue Kontrolle der Temperatur erforderlich, da die Ringöffnung unter starkem Erwärmen abläuft. Die Versuchsanordnung entsprach der vorher angegebenen. In Abhängigkeit von der Richtung der Ringöffnung können sich auch hier zwei isomere Verbindungen bilden:

$$C_6H_5 \cdot \underset{\underset{O}{\diagdown\,\diagup}}{CH} \cdot CH_2 + RSH \longrightarrow C_6H_5 \cdot \underset{\underset{OH}{|}}{CH} \cdot CH_2 \cdot S \cdot R \quad (I)$$

$$\searrow C_6H_5 \cdot \underset{\underset{SR}{|}}{CH} \cdot CH_2OH \quad (II)$$

Um zu prüfen, ob die Reaktion gemäß I verläuft, wurde der (β-Phenyl-β-hydroxyäthyl)-äthyl-thioäther auf anderem Wege synthetisiert, und zwar wie folgt:

$$C_6H_5 \cdot \underset{\underset{O}{\|}}{C} \cdot CH_2 \cdot Br + C_2H_5SNa \longrightarrow NaBr +$$

$$C_6H_5 \cdot \underset{\underset{O}{\|}}{C} \cdot CH_2 \cdot S \cdot C_2H_5$$

$$\Big| \text{Al-isoproylat}$$
$$\downarrow \text{Isopropanol}$$

$$C_6H_5 \cdot \underset{\underset{OH}{|}}{CH} \cdot CH_2 \cdot S \cdot C_2H_5$$

$$\downarrow \text{3,5-Dinitro-benzoylchlorid}$$

$$C_6H_5 \cdot \underset{\underset{O}{|}}{CH} \cdot CH_2 \cdot S \cdot C_2H_5$$
$$\underset{\underset{O_2N\,\langle\,\rangle\,NO_2}{}}{C=O}$$

Phenacylbromid wurde mit Natriumäthylmercaptid zum Phenacyl-äthyl-thioäther (179) umgesetzt. Die Reduktion nach MEERWEIN–PONNDORF mit frisch destilliertem Aluminium-isopropylat lieferte den (β-Phenyl-β-hydroxyäthyl)-äthyl-thioäther. Durch Veresterung mit 3,5-Dinitro-benzoyl-chlorid ließ sich der 3,5-Dinitro-benzoylester in kristalliner Form gewinnen. Die Siedepunkte und IR-Spektren der auf zwei verschiedenen Wegen erhaltenen Thioäther stimmten überein. Weiterhin zeigten die Mischschmelzpunkte ihrer 3,5-Dinitro-benzoylester keine Depression.

3. 2-Phenyl-thioxanon-(6)

Die Hochvakuumdestillation des (β-Phenyl-β-hydroxy-äthyl)-carbäthoxymethyl-thioäthers lieferte ein hochviskoses Öl, das nach dem Abkühlen in Form weißer Blättchen erstarrte. Durch Kristallisation aus Äthanol wurde die Substanz in reiner Form mit konstantem Schmelzpunkt von 118,5° erhalten. Die Bestimmung der Verseifungszahl

$$\text{VZ Gef.} = 288$$

zeigte aber eine wesentliche Abweichung von dem zu erwartenden Wert

$$\text{VZ Ber.} = 234.$$

Legt man die gefundene Verseifungszahl zur Ermittlung des Molekulargewichtes zugrunde, so ergibt sich ein Molekulargewicht von

$$\text{MG Gef.} = 195$$

im Gegensatz zu dem zu erwartenden Wert

$$\text{MG Ber.} = 240.$$

Es wurde deshalb angenommen, daß bei der Hochvakuumdestillation unter Äthanol-Abspaltung (entsprechend der Differenz der Molekulargewichte) ein Ringschluß zum 2-Phenyl-thioxanon-(6) stattfand, da für diese Verbindung die gefundene Verseifungszahl mit der berechneten übereinstimmt.

$$\underset{\text{OH}}{\underset{|}{\overset{\text{H}}{\overset{|}{\underset{\text{Ph}-}{\text{C}}}}}} \cdot \text{CH}_2 \cdot \text{S} \cdot \text{CH}_2 \cdot \text{COOC}_2\text{H}_5$$

$$\downarrow -\text{C}_2\text{H}_5\text{OH}$$

[Struktur: 2-Phenyl-thioxanon-(6), Sechsring mit O, S und C=O]

Die Elementaranalyse bestätigte diese Annahme.

Zum weiteren Beweis für die Konstitution des Thioxanons dienten Ringöffnungsreaktionen mit Hydrazinhydrat und Cyclohexylamin, die zur Darstellung gut kristallisierender Derivate führten:

[Struktur: Thioxanon-Ring] $+ \text{RNH}_2 \rightarrow$

$$\underset{\text{OH}}{\underset{|}{\overset{\text{H}}{\overset{|}{\underset{\text{Ph}-}{\text{C}}}}}} \cdot \text{CH}_2 \cdot \text{S} \cdot \text{CH}_2 \cdot \text{CONHR}$$

a) S-(β-Phenyl-β-hydroxyäthyl)-thioglykolsäurehydrazid
b) S-(β-Phenyl-β-hydroxyäthyl)-thioglykolsäure-N-cyclohexylamid

Man gelangt so zu einem interessanten Verbindungstyp, der eine Thioäther- und eine substituierte Amidgruppe besitzt.

IV. Episulfido-Verbindungen auf dem Fettgebiet

1. Die Bedeutung geschwefelter Fettprodukte

Schwefelhaltige Fettprodukte haben schon seit langer Zeit Anwendungsgebiete in Pharmazie und Technik gefunden. Die durch Reaktion von Schwefel oder Schwefelchlorür mit pflanzlichen Ölen erhaltenen Produkte waren nicht nur früher viel benutzte Heilmittel (Harlemer Öl), sondern dienten als Faktisse (180) (Ölkautschuk) in Kombination mit Kautschuk zur Darstellung hochwertiger Gummiwaren. Sie finden auch Verwendung in der Lackindustrie. Im Vordergrund stehen bei weißem und braunem Faktis die aus Rüböl gewonnenen Produkte.

Auch geschwefelte Trane werden als Faktor-Firnisse benützt.

Der Chemismus der Schwefelung von Fetten ist noch nicht völlig geklärt.

H. P. KAUFMANN und Mitarbeiter (181), DUBOSC (182), HARVEY (183) und HENRIQUES (184) untersuchten die Umsetzung von Schwefelchlorür mit Fetten, während KNIGHT (185), HENRIQUES (186), STAMBERGER (187) und ALTSCHUL (188) den Reaktionsverlauf bei der Einwirkung von Schwefel auf Fette studierten. Die angewandten Methoden gestatteten die Isolierung definierter Produkte nicht. H. P. KAUFMANN (189) konnte aus den Dirhodaniden von Öl-, Elaidin-, Eruca- und Brassidinsäure durch Behandlung mit Zinkstaub und Eisessig oder Alkali schwefelhaltige Fettsäuren gewinnen. Sie wurden als Derivate des Dithians betrachtet. Da jedoch bei der Molekulargewichtsbestimmung mit Assoziationen gerechnet werden muß, lag die Vermutung nahe, daß es sich um Episulfide handelt. Vor kurzem wurde dafür der Beweis erbracht (190). Diese Tatsache steht im Einklang mit Untersuchungen von DELÉPINE, der durch Einwirkung von Natriumhydrogensulfid auf Dirhodanide Episulfide gewann.

Die Fettsäureepisulfide sind von besonderem Interesse, da sie bei der Darstellung von Faktis möglicherweise als Zwischenprodukte auftreten, die in einer Folgereaktion zu Molekülvergrößerungen führen. Es ist bekannt, daß Epoxyde unter dem Einfluß gewisser Katalysatoren (Aktiverden) zu Dioxan-Derivaten dimerisiert werden. Die Ausbildung solcher Dioxan- und Dioxin-Strukturen wird auch bei der Trocknung von Ölen angenommen (191). Bei der Faktis-Herstellung ist die Möglichkeit der Bildung hochmolekularer Dithiane aus Episulfiden gegeben, die die eigenartige Gelstruktur dieser Stoffklasse erklären können. WEITKAMP (192) nahm an, daß sich bei Einwirkung von Schwefel auf Limonen das Limonenepisulfid bildet. Durch Reaktion von Diäthyltetrasulfid (193) mit Äthylen und Cyclohexen konnten die entsprechenden Episulfide erhalten werden. Die Entstehung der Episulfide wird durch die Abspaltung atomaren Schwefels gedeutet, der mit der Olefinbindung reagiert.

2. Darstellung von Episulfiden aus Epoxyden

Zur Darstellung von Episulfido-fettsäuren, Episulfido-fettsäureestern und Episulfidoalkoholen diente die Umsetzung der betreffenden Epoxyde mit Thioharnstoff. Die verwendeten Epoxyde wurden mit Peressigsäure hergestellt. Nach CULVENOR, DAVIES und SAVIGE (194) verläuft die Reaktion über folgende Zwischenstufen:

$$\underset{1}{\overset{|}{-}C\underset{\diagdown O \diagup}{-}\overset{|}{C}-} + {}^-S-C\underset{NH_2}{\overset{NH_2^+}{\diagup}} \rightarrow \underset{3}{\overset{|}{-}\underset{\underset{H_2N \; NH_2^+}{\overset{\diagdown C \diagup}{\underset{\diagdown}{S}}}}{C}-\overset{|}{\underset{|}{C}}-} \rightarrow \underset{4}{\overset{|}{-}\underset{\underset{H_2N \; NH_2}{\overset{\diagdown C \diagup}{\underset{\diagup}{S}}}}{C}\overset{|}{\underset{|}{C}}-} \rightarrow$$

$$\rightarrow \begin{array}{c} | \quad | \\ -C-C- \\ | \quad | \\ O \quad S^- \\ \diagdown \\ C \\ \diagup\diagdown \\ H_2N \quad NH_2 \\ 5 \end{array} \rightarrow \begin{array}{c} | \quad | \\ -C-C- \\ \diagdown\diagup \\ S \end{array} + H_2N \cdot \underset{\underset{O}{\|}}{C} \cdot NH_2$$

Thioharnstoff reagiert in der isomeren Form. Es findet eine nucleophile Reaktion unter Ringöffnung statt. Das so entstandene α-Hydroxy-isothioharnstoff-Derivat(3) geht über das cyclische Diamino-thioxolan(4) in ein α-Mercaptoisoharnstoff-Derivat(5) über, aus dem unter Harnstoff-Abspaltung das Episulfid gebildet wird.

Zur Durchführung der Reaktion wurde in eigenen Versuchen die berechnete Menge Thioharnstoff in der äquivalenten Menge ca. 10%iger Schwefelsäure suspendiert, dann unter gutem Rühren bei 0–5° das umzusetzende Epoxyd in einer Dioxan-Lösung langsam zugefügt. Unter diesen Bedingungen erfolgte die Bildung des Isothioroniumsulfates aus dem Epoxyd. Dieses Zwischenprodukt der Darstellung von Episulfiden aus Epoxyden mit Thioharnstoff konnte im Falle der Umsetzung von 10,11-Epoxy-undecansäuremethylester isoliert werden.

$$\left[\begin{array}{c} CH_2 \cdot CH \cdot (CH_2)_8 \cdot C \diagup\!\!\!\diagdown^O_{OCH_3} \\ | \quad\quad | \\ S \quad\quad OH \\ \diagdown \\ C \\ \diagup\diagdown \\ HN \quad NH_2 \end{array} \right]^{++}_2 \quad SO_4^{--}$$

Zur Vervollständigung der Reaktion erwärmte man kurze Zeit auf 40°. Hierbei löste sich das entstandene Kristallisat auf.
Zur Umwandlung des vorstehenden Isothioroniumsulfates in das Episulfid wurde mit Natriumcarbonat behandelt, das man in einer ca. 20%igen wäßrigen Lösung in äquimolaren Mengen unter starkem Rühren zutropfte. Bei Erwärmung auf 40–50° wird der entstandene Niederschlag aufgelöst.
Zur Isolierung der Episulfido-fettsäuren überschichtet man nach Abkühlen mit Äther, säuert mit verd. Schwefelsäure bis pH 5 an, extrahiert mehrmals mit Äther und wäscht neutral. Aus der ätherischen Lösung läßt sich bei Aufarbeitung das Episulfid isolieren.
Zur Gewinnung der Episulfido-fettalkohole, Episulfido-fettsäureester und episulfidierten Öle wird die alkalische Reaktionslösung direkt mit Äther extrahiert und aus der organischen Phase das Endprodukt isoliert. Auf diese Weise wurden die folgenden Episulfide synthetisiert.
Die Ausgangsprodukte sind in Klammern angeführt.

9,10-Episulfido-stearinsäure (Ölsäure)
13,14-Episulfido-behensäure (Brassidinsäure)
9,10–12,13-Di-episulfido-stearinsäure (9,10–12,13-Linolsäure)
3,4-Episulfido-capronsäureäthylester (3,4-Hexensäureäthylester)
10,11-Episulfido-undecansäuremethylester (Undecylensäuremethylester)
9,10-Episulfido-stearinsäuremethylester (Ölsäure)
13,14-Episulfido-behensäuremethylester (Brassidinsäure)

9,10-Episulfido-octadecanol (Oleylalkohol)
13,14-Episulfido-docosanol (Erucylalkohol)
    Episulfido-Sojaöl   S-Gehalt 9,70%
    Episulfido-Rüböl   S-Gehalt 5,65%
    Episulfido-Olivenöl   S-Gehalt 7,17%

Die Episulfido-fettsäuren und Episulfido-fettalkohole wurden durch Kristallisation aus Aceton, Methanol, Äthanol oder Petroläther als weiße Kristallblättchen erhalten.
Die 9,10-12,13-Di-episulfido-stearinsäure ließ sich in guter Ausbeute aus dem Di-epoxyd gewinnen. Wie Versuche von H. P. KAUFMANN und G. HAUSCHILD (195) zeigten, lassen sich die Epoxydringe der 9,10-12,13-Di-epoxy-stearinsäure nicht mit Ammoniak öffnen. Die Hydrolyse zur Tetrahydroxystearinsäure verläuft ebenfalls nur mit sehr geringen Ausbeuten (196). Der Reaktionsverlauf mit Thioharnstoff unter Austausch des Epoxydsauerstoffs gegen Schwefel verdient deshalb besondere Beachtung.
3,4-Episulfido-capronsäureäthylester kann zur Reinigung im Wasserstrahlvakuum unzersetzt destilliert werden. Es ist eine farblose Flüssigkeit von senfölartigem Geruch. Der 10,11-Episulfido-undecansäuremethylester lieferte bei Destillation im Hochvakuum ein farbloses und fast geruchloses Öl.
9,10-Episulfido-stearinsäuremethylester und 13,14-Episulfido-behensäuremethylester, die durch Veresterung der Säuren mit Diazomethan hergestellt wurden, lassen sich nicht mehr destillieren. Bei der Hochvakuumdestillation erfolgt unter Zersetzung Schwefelabspaltung.
Die Reinigung gelang hier durch Tieftemperatur-Kristallisation aus Methanol.
9,10-Episulfido-stearinsäuremethylester ist bei Zimmertemperatur flüssig, während 13,14-Episulfido-behensäuremethylester in kristalliner Form vorliegt.
Die episulfidierten Öle besitzen höhere Viskosität als die entsprechenden epoxydierten Öle und sind gelb. Wie orientierende Versuche zeigten, eignet sich episulfidiertes Sojaöl unter Zusatz geringer Mengen von Zinkoctoat als Weichmacher für Polyvinylchlorid. Die erhaltenen Folien zeichnen sich durch besondere Elastizität aus. Mit einer ätherischen Lösung von Bortrifluorid können Episulfido-Sojaöl und Episulfido-Rüböl zu einem hellen linoxyn-artigen Produkt polymerisiert werden.
Es war zu prüfen, ob den gewonnenen Verbindungen die angegebene monomolekulare Struktur zukommt. Untersuchungen der Pure Oil Co., Chicago (197), hatten ergeben, daß die Umsetzung von Epoxyden mit Ammoniumthiocyanat unter bestimmten Bedingungen zu Dithianen führt. Zur näheren Untersuchung wurde 9,10-Episulfido-stearinsäure mit Di-azomethan verestert und das Molekulargewicht nach BECKMANN in Benzol ermittelt. Eine direkte Bestimmung des Molekulargewichtes der freien Säure in Benzol ist nicht möglich, da infolge Assoziation von der Konzentration abhängige Werte erhalten werden, die fast dem doppelten Molekulargewicht entsprechen (198).
Die Bestimmung des Methylesters ergab den Wert

$$MG = 327.$$

Die gute Übereinstimmung mit dem theoretischen Wert (328,54) ergibt die Bestätigung für die monomolekulare Struktur.

3. UV-Spektren

Zum weiteren Beweis für die monomolekulare Struktur dienten die UV-Spektren der 9,10-Episulfido-stearinsäure und 9,10-12,13-Di-episulfido-stearinsäure. Nach DA-

vies (199) besitzen Episulfide ein Absorptionsmaximum bei 260 mµ, das in der Gasphase und in Lösung auftritt.
In beiden Spektren tritt das charakteristische Maximum bei 257 mµ auf, in guter Übereinstimmung mit dem von Davies angegebenen Wert.
Die Molekularextinktion der 9,10–12,13-Di-episulfido-stearinsäure entspricht dem doppelten Wert der 9,10-Episulfido-stearinsäure; demnach kann die UV-Absorption bei 257 mµ zur quantitativen Bestimmung des Episulfid-Gehaltes ausgewertet werden.

4. Chemisches Verhalten der 9,10-Episulfidostearinsäure

Die Reaktionsfähigkeit der Fettsäure-episulfide unterscheidet sich wesentlich von der der entsprechenden Epoxyde. 9,10-Episulfido-stearinsäure wird durch eine Lösung von gasförmigem Chlorwasserstoff in absol. Äther, die zur quantitativen Bestimmung der Epoxyde dient, nicht angegriffen. Eine Ringöffnung erfolgt erst durch 1,5stündiges Erwärmen auf dem Wasserbad mit einer Salzsäure-Dioxan-Lösung.
Die gebildete flüssige 9(10)-Chlor-10(9)-mercapto-stearinsäure ergibt eine positive Farbreaktion auf SH-Gruppen mit HNO_2 (200). Sie spaltet wieder HCl ab unter Bildung eines hochviskosen Öles.
Die große Stabilität des Episulfid-Ringes in der 9,10-Episulfido-stearinsäure zeigt sich weiterhin in der Beständigkeit gegen Essigsäure nach zweistündiger Einwirkung bei 120°.
Die Reaktion von 9,10-Episulfido-stearinsäure mit Jod in absol. Tetrachlorkohlenstoff ergab einen Verbrauch von ½ Mol J_2. In Analogie zu Untersuchungen von Stewart (201) mit Propylensulfid verläuft die Umsetzung folgendermaßen:

$$\begin{array}{c}-\underset{\diagdown S \diagup}{C-C}- + J_2 \rightarrow -\underset{\underset{J}{|}\underset{SJ}{|}}{C-C}- + -\underset{\diagdown S \diagup}{C-C}- \rightarrow \\ \\ -\underset{\underset{J}{|}}{C}-\underset{}{C}\cdot S \cdot S \cdot \underset{}{C}-\underset{\underset{J}{|}}{C}- \end{array}$$

Das nach Öffnung des Episulfid-Ringes mit Jod entstehende Jod-Sulfenyljodid reagiert mit einer weiteren Episulfid-Gruppe unter Bildung des Disulfids.
Bei der Einwirkung von Zink, Eisessig und Salzsäure wird 9,10-Episulfido-stearinsäure unter H_2S-Entwicklung quantitativ entschwefelt. Es bildet sich Ölsäure mit einem trans-Gehalt von 15%.
Durch Entschwefelung mit Triäthylphosphit wurde unter Bildung von Triäthylthiophosphat aus 9,10-Episulfido-stearinsäuremethylester Ölsäuremethylester mit einem trans-Gehalt von 4,9% zurückgewonnen:

$$-\underset{\diagdown S \diagup}{C-C}- + P(OC_2H_5)_3 \rightarrow \underset{|\;\;|}{C=C} + S=P(OC_2H_5)_3$$

Aus cis-2,3-Episulfido-butan ließ sich nach der gleichen Methode cis-2,3-Buten mit einem geringen trans-Gehalt erhalten. Der aus cis-9,10-Epoxy-stearinsäure mit Thioharnstoff hergestellten 9,10-Episulfido-stearinsäure kann deshalb ebenfalls cis-Konfiguration zugeordnet werden. Bei der Reaktion von Epoxyden mit Thioharnstoff bilden sich demnach Episulfide gleicher Konfiguration. Eine weitere Bestätigung hierfür geben die bereits auf S. 17 dargelegten Untersuchungen von PRICE und KIRK.

C. Experimenteller Teil

I. α-Hydroxy-β-amino-buttersäure-Derivate

trans-2,3-Epoxy-buttersäure

Das Verfahren von MELIKOW (202) zur Herstellung von trans-2,3-Epoxy-buttersäure wurde wie folgt modifiziert: 172,2 g (2 Mol) Crotonsäure werden in einer Lösung von 80,0 g (2 Mol) NaOH in 1,5 l Wasser aufgelöst. Man kühlt mit einer Eis-Kochsalz-Mischung auf —5° ab und leitet unter Beibehaltung dieser Temperatur 70,9 g (2 Mol) Chlor ein. Im Wasserstrahlvakuum wird anschließend bei einer Badtemperatur von 35° bis zur Trockne eingedampft, der Rückstand in 500 ml Methanol suspendiert, von ausgeschiedenem Natriumchlorid abfiltriert und unter Rühren und Kühlung im Eisbad langsam mit einer Lösung von 160 g (4 Mol) Natriumhydroxyd in 1 l Methanol-Wasser (1:1) versetzt. Man leitet CO_2 bis zur Sättigung ein und läßt noch ca. 5 Std. stehen. Danach dampft man erneut bis zur Trockne ein, nimmt mit wenig Wasser auf, säuert mit verd. Schwefelsäure unter Eiskühlung bis pH 3 an und äthert die Säure aus. Die ätherische Phase wird zweimal mit wenig Wasser ausgewaschen, mit Na_2SO_4 getrocknet und der Äther abdestilliert.

Ausbeute an Rohprodukt 110 g (54% d. Th.).
Kristallisation aus Essigester-Petroläther. Schmp. 85° (Lit. 84°)

α-Hydroxy-β-benzylamino-buttersäure

1,0 g (0,01 Mol) trans-2,3-Epoxy-buttersäure werden zusammen mit 1,1 g (0,01 Mol) Benzylamin im Bombenrohr 1,5 Std. auf 110° erwärmt. Nach dem Erkalten erstarrt das Reaktionsgemisch zu einer gelben spröden Masse. Durch zweimalige Kristallisation aus 80%igem Äthanol wird die α-Hydroxy-β-benzylamino-buttersäure in reiner Form erhalten.

Schmp. 218° – Ausb. 1,5 g (71,8% d. Th.)
$C_{11}H_{15}O_3N$ (209,24)
Ber.   C 63,12   H 7,23   N 6,71
Gef.   C 63,12   H 7,50   N 6,72
Epoxyd-Zahl: Ber. 0 – Gef. 0

α-Hydroxy-β-(4-äthoxyphenyl-amino)-buttersäure

2,0 g (0,02 Mol) trans-2,3-Epoxy-buttersäure werden mit 2,7 g (0,02 Mol) p-Phenetidin 8 Std. bei 115° im Bombenrohr erhitzt. Das rötlich gefärbte Reaktionsprodukt wird in wenig Alkohol gelöst und mit A-Kohle geklärt. Nach dreimaliger Kristallisation erhält man weiße Kristallnadeln mit konstantem Schmelzpunkt. Die Substanz ist lichtempfindlich und färbt sich nach längerem Aufbewahren schwach rötlich.

Schmp. 190° (Zersetzung) – Ausb. 2,4 g (50,2% d. Th.)
C₁₂H₁₇O₄N (239,34)

Ber.	C 60,30	H 7,17	N 5,89
Gef.	C 59,84	H 7,05	N 5,69

α-Hydroxy-β-amino-buttersäureamid-Derivate

α-Hydroxy-β-propylamino-buttersäure-N-propylamid

2,3 g (0,02 Mol) trans-2,3-Epoxy-buttersäuremethylester (hergestellt durch Veresterung von trans-2,3-Epoxy-buttersäure mit Diazomethan) werden mit 3,5 g (0,06 Mol) Propylamin 4 Std. bei 100° im Bombenrohr erhitzt. Nach dem Abkühlen erstarrt das Reaktionsprodukt in gelblichen Kristallnädelchen. Durch Kristallisation aus Essigester-Petroläther wird das Amid rein gewonnen.

Schmp. 108° (nach Trocknen in der Vakuum-Trockenpistole)
Ausb. 2,8 g (69,2% d. Th.)
C₁₀H₂₂O₂N₂ (202,44)

Ber.	C 59,50	H 10,94	N 13,90
Gef.	C 59,87	H 11,54	N 13,40

α-Hydroxy-β-butylamino-buttersäure-N-butylamid

3,5 g (0,03 Mol) trans-2,3-Epoxy-buttersäuremethylester werden im Bombenrohr mit 5,8 g (0,08 Mol) Butylamin 4 Std. bei 100° umgesetzt. Das erstarrte Rohprodukt wird aus Äthanol-Wasser und Äthylacetat-Petroläther umkristallisiert.

Schmp. 96° (Trockenpistole) – Ausb. 4,9 g (71% d. Th.)
C₁₂H₂₆O₂N₂ (230,48)

Ber.	C 62,70	H 11,40	N 12,22
Gef.	C 63,09	H 11,35	N 11,92

α-Hydroxy-β-cyclohexylamino-buttersäure-N-cyclohexylamid

2,3 g (0,02 Mol) trans-2,3-Epoxy-buttersäuremethylester und 4,9 g (0,05 Mol) Cyclohexylamin werden im Bombenrohr 3 Std. bei 120° umgesetzt. Das Rohprodukt liefert nach Kristallisation aus Äthanol nadelförmige Kristalle.

Schmp. 176° (Vakuum-Trockenpistole) – Ausb. 3,7 g (65,5% d. Th.)
C₁₆H₃₀O₂N₂ (282,56)

Ber.	C 68,00	H 10,71	N 9,95
Gef.	C 68,10	H 10,66	N 10,17

α-Hydroxy-β-äthanolamino-buttersäure-N-äthanolamid

3,5 g (0,3 Mol) trans-2,3-Epoxy-buttersäuremethylester werden im Bombenrohr mit 6,1 g (0,01 Mol) β-Aminoäthylalkohol 4 Std. auf 130° erwärmt. Durch Kristallisation aus einem Gemisch von Äthylacetat-Äthanol-Petroläther erhält man nadelförmige Kristalle mit einem Schmp. von 115° (Trockenpistole).

Ausb. 4,1 g (66,3% d. Th.)
C₈H₁₈O₄N₂ (206,38)

Ber.	C 46,70	H 8,80	N 13,67
Gef.	C 46,34	H 8,72	N 13,65

α-Hydroxy-β-benzylamino-buttersäure-N-benzylamid

Nach der vorher beschriebenen Methode werden 1,16 g (0,01 Mol) trans-2,3-Epoxybuttersäuremethylester mit 2,14 g (0,02 Mol) Benzylamin 5 Std. bei 150° zur Reaktion gebracht. Das in Kristallnadeln erstarrte Rohprodukt wird aus Äthanol umkristallisiert.

Schmp. 113–115° (Vakuum-Trockenpistole) – Ausb. 2,4 g (80,5% d. Th.)
$C_{18}H_{22}O_2N_2$ (298,51)
Ber.   C 72,50   H 7,43   N 9,45
Gef.   C 72,16   H 7,46   N 9,46
       72,12   7,61   9,24

II. Phenylglykol-fettsäureester

1. *Phenylglykol-mono-fettsäureester*

Phenylglykol-mono-myristinsäureester

Die Darstellung der Phenylglykol-mono-fettsäureester erfolgt in einem mit Anschützaufsatz, Tropftrichter und Rückflußkühler versehenen Rundkolben, der im Glycerinbad auf 65° erhitzt wird. Der Zutritt von Feuchtigkeit wird durch ein $CaCl_2$-Rohr verhindert.

22,8 g (0,1 Mol) Myristinsäure werden mit 0,5 g feinstgepulvertem $FeCl_3$ (wasserfrei, sublimiert) innig vermischt und im Eisbad auf 0° abgekühlt. Aus einem Tropftrichter fügt man langsam unter Schütteln 12,0 g (0,1 Mol) Styroloxyd zu. Nach beendeter Zugabe ersetzt man das Eisbad durch ein Glycerinbad und erhitzt das Reaktionsgemisch unter häufigem Schütteln 16 Std. auf 65°. Dann wird mit Äther aufgenommen, zur Entfernung nicht umgesetzter Fettsäure mit 5%iger Soda-Lösung ausgewaschen und die entstandene Natriumseife abzentrifugiert. Die Behandlung mit Soda-Lösung erfolgt so lange, bis die Zugabe zur ätherischen Lösung keine Trübung mehr ergibt. Anschließend wird mit Wasser neutral gewaschen. Die Ätherlösung ist gelb und das Eisenhydroxydsol entfernt. Man trocknet mit Natriumsulfat und destilliert nach Abdampfen des Äthers im Hochvakuum.

Sdp. 179–181°/0,07 Torr
Schmp. 30–32° – Ausb. 22,0 g (63,2% d. Th.)
$C_{22}H_{36}O_3$ (348,50)
Ber.   C 75,80   H 10,42
Gef.   C 75,78   H 10,10
VZ Ber. 161 – Gef. 158
Molekulargewicht nach Beckmann in Benzol: Ber. 348,5 – Gef. 351

Phenylglykol-mono-palmitinsäureester

25,6 g (0,1 Mol) Palmitinsäure, 12,0 g (0,1 Mol) Styroloxyd und 0,5 g $FeCl_3$ werden in der vorher beschriebenen Weise umgesetzt. Nach Destillation im Hochvakuum resultiert ein wachsartiges Produkt.

Sdp. 204–206°/0,07 Torr
Schmp. 31–34° – Ausb. 20,4 g (54,2% d. Th.)
$C_{24}H_{40}O_3$ (376,55)
Ber.   C 76,50   H 10,71
Gef.   C 76,11   H 10,36
VZ Ber. 149 – Gef. 152
Molekulargewicht nach Beckmann: Ber. 376,6 – Gef. 379

Phenylglykol-mono-stearinsäureester

28,4 g (0,1 Mol) Stearinsäure, 12,0 g (0,1 Mol) Styroloxyd und 0,5 g FeCl$_3$ werden in bekannter Weise umgesetzt. Das Rohprodukt, durch Hochvakuumdestillation gereinigt, hat einen Sdp. von 205–208°/0,01 Torr und schmilzt bei 38–44°.

    Ausb. 19,8 g (49,0% d. Th.)
    C$_{26}$H$_{44}$O$_3$ (404,60)
    Ber.   C 77,25   H 10,96
    Gef.   C 76,91   H 10,90
    VZ Ber. 138,6 – Gef. 136
    Molekulargewicht: Ber. 404,6 – Gef. 401,2

Phenylglykol-mono-behensäureester

17,0 g (0,05 Mol) Behensäure und 10,0 g (0,083 Mol) Styroloxyd werden unter Zusatz von 0,5 g FeCl$_3$ zur Darstellung des Mono-esters eingesetzt. Man klärt die von nicht umgesetzter Behensäure befreite ätherische Lösung mit A-Kohle, engt ein und kristallisiert den Behensäure-mono-ester bei —20° um. Durch erneute Kristallisation aus Äther wird ein Produkt mit einem Schmp. von 55–58° erhalten.
Ausb. 14,5 g (63,0% d. Th.)

    C$_{30}$H$_{52}$O$_3$ (460,70)
    Ber.   C 78,20   H 11,38
    Gef.   C 77,84   H 11,37
    VZ Ber. 121,8 – Gef. 120

2. Phenylglykol-di-fettsäureester

Phenylglykol-di-myristinsäureester

17,1 g (0,075 Mol) Myristinsäure und 4,5 g (0,0375 Mol) Styroloxyd werden unter Zusatz von 0,2 g p-Toluolsulfonsäure in 100 ml Toluol am Rückfluß mit Wasserauskreiser bis zur konstanten Wasserabscheidung erhitzt. Nach beendeter Reaktion nimmt man mit Äther auf und entfernt die überschüssige Säure mit 5%iger Soda-Lösung. Die ausgefällte Natriumseife wird durch Zentrifugieren entfernt. Anschließend wäscht man neutral, trocknet die organische Schicht mit Na$_2$SO$_4$ und dampft das Lösungsmittel im Vakuum ab. Reinigung durch Kristallisation aus Aceton.

    Schmp. 48,5° – Ausb. 11,8 g (56,3% d. Th.)
    C$_{36}$H$_{62}$O$_4$ (558,84)
    Ber.   C 77,35   H 11,18
    Gef.   C 77,29   H 11,21
    VZ Ber. 200,8 – Gef. 202
    Molekulargewicht nach Beckmann in Benzol: Ber. 558,8 – Gef. 552

Phenylglykol-di-palmitinsäureester

19,2 g (0,075 Mol) Palmitinsäure und 4,5 g (0,0375 Mol) Styroloxyd werden in 100 ml Toluol unter Zugabe von 0,2 g p-Toluolsulfonsäure zum Di-ester umgesetzt und in der oben angegebenen Weise aufgearbeitet. Durch zweimalige Kristallisation aus Aceton bei —20° gewinnt man nadelförmige Kristalle.

Schmp. 57° – Ausb. 12,5 g (54,3% d. Th.)
C$_{40}$H$_{70}$O$_4$ (614,94)
Ber.   C 78,20   H 11,48
Gef.   C 77,92   H 11,17
VZ Ber. 182,4 – Gef. 185
Molekulargewicht: Ber. 614,9 – Gef. 605

Phenylglykol-di-stearinsäureester

14,2 g (0,05 Mol) Stearinsäure und 3,0 g (0,025 Mol) Styroloxyd werden wie eben beschrieben zur Reaktion gebracht und aufgearbeitet. Man kristallisiert das Rohprodukt zweimal aus Aceton bei —20°.

Schmp. 63° – Ausb. 8,7 g (52% d. Th.)
C$_{44}$H$_{78}$O$_4$ (671,04)
Ber.   C 78,80   H 11,71
Gef.   C 78,63   H 11,52
VZ   Ber. 167 – Gef. 165
Molekulargewicht: Ber. 671 – Gef. 667

III. 10-Hydroxy-11-mercapto-undecansäure-Derivate

1. *10-Hydroxy-11-äthylmercapto-undecansäuremethylester*

10,7 g (0,05 Mol) 10,11-Epoxy-undecansäuremethylester (durch Epoxydierung von Undecylensäuremethylester mit 20%iger Peressigsäure gewonnen) werden in einem mit Rückflußkühler, KPG-Rührer und Tropftrichter versehenen Dreihalskolben mit 5 g Amberlit IRA 400 vermischt. Unter Einleiten von Stickstoff läßt man langsam 9,3 g (0,15 Mol) Äthylmercaptan zutropfen und erhitzt anschließend das Reaktionsgemisch 16 Std. zum Sieden. Nach dem Erkalten wird mit Äther aufgenommen, der Ionenaustauscher abfiltriert und nach Abdestillieren des Äthers im Hochvakuum fraktioniert. Man erhält ein Öl, das nach Abkühlen erstarrt.

Sdp. 145–147°/0,05 Torr

Kristallisation aus wäßrigem Methanol bei —20° ergab einen Schmp. von 24°.

Ausb. 10,2 g (73,8% d. Th.)
C$_{14}$H$_{28}$O$_3$S (276,42)
Ber.   C 60,80   H 10,21   S 11,60
Gef.   C 61,12   H 10,09   S 11,42
Molekulargewicht nach Beckmann in Benzol: Ber. 276,4 – Gef. 282

10-Hydoxy-11-äthylmercapto-undecansäure

2,76 g (0,01 Mol) 10-Hydroxy-11-äthylmercapto-undecansäuremethylester werden mit 10%iger methanolischer Kalilauge über Nacht stehengelassen und anschließend 30 min zum Sieden erhitzt. Nach Abdestillieren des Alkohols im Wasserstrahlvakuum säuert man mit verd. Schwefelsäure an, nimmt mit Äther auf und wäscht die Schwefelsäure aus. Der Äther wird abdestilliert und die Säure aus Methanol-Wasser umkristallisiert.

Schmp. 45–46,5° – Ausb. 2,2 g (84,0% d. Th.)
C$_{13}$H$_{26}$O$_3$S (262,40)
Ber.   C 59,60   H 10,00   S 12,22
Gef.   C 60,03   H 10,08   S 12,40

10-Hydroxy-11-phenylmercapto-undecansäuremethylester

Zu einer Mischung von 21,4 g (0,1 Mol) 10,11-Epoxy-undecansäuremethylester und 5 g Amberlit IRA 400 (trocken) in der OH-Form werden unter Rühren und Durchleiten von Stickstoff bei 65° 12,1 g (0,11 Mol) Thiophenol zugetropft. Die Reaktionszeit beträgt 7 Std. Das Reaktionsprodukt erstarrt zu einem weißen Kristallisat, das mit wenig Methanol aufgenommen und nach Abfiltrieren des Ionenaustauschers bei —30° nochmals umkristallisiert wird. Man erhält weiße, geruchlose Kristallnadeln.

Schmp. 42° – Ausb. 29,0 g (89,5% d. Th.)
$C_{18}H_{28}O_3S$ (324,46)
Ber. C 66,70   H 8,70   S 9,88
Gef. C 66,81   H 8,60   S 9,73

10-Hydroxy-11-phenylmercapto-undecansäure

6,4 g (0,02 Mol) 11-Phenylmercapto-10-hydroxy-undecansäuremethylester werden mit 10%iger methanolischer Kalilauge verseift und in der vorher angegebenen Weise aufgearbeitet. Nach Umkristallisation aus wäßrigem Methanol erhält man farblose Kristallblättchen.

Schmp. 82,5° – Ausb. 5,1 g (82,3% d. Th.)
$C_{17}H_{26}O_3S$ (310,44)
Ber. C 65,85   H 8,47   S 10,33
Gef. C 65,66   H 8,34   S 10,06

10-Hydroxy-11-carbäthoxymethylmercapto-undecansäuremethylester

21,4 g (0,1 Mol) 10,11-Epoxy-undecansäuremethylester werden mit 18,0 g (0,15 Mol) Thioglykolsäureäthylester und 5 g Amberlit IRA 400 16 Std. bei 65° umgesetzt. Nach Abfiltrieren des Ionenaustauschers und Hochvakuumdestillation erhält man ein schwach gelbliches hochviskoses Öl.

Sdp. 203–205°/0,05 Torr
Ausb. 17,2 g (51,5% d. Th.)
$C_{16}H_{30}O_5S$ (334,46)
Ber. C 57,50   H 9,04   S 9,58
Gef. C 57,12   H 8,68   S 9,42
Molekulargewicht nach Beckmann in Benzol: Ber. 334,46 – Gef. 336

10-Hydroxy-11-carboxymethylmercapto-undecansäure

Durch Verseifung von 3,3 g (0,01 Mol) 10-Hydroxy-11-carbäthoxymethylmercaptoundecansäuremethylester mit 10%iger methanolischer Kalilauge gewinnt man nach der Aufarbeitung die entsprechende Dicarbonsäure, die aus Petroläther-Äthylacetat umkristallisiert wird.

Schmp. 82–83,5° – Ausb. 2,3 g (79,0% d. Th.)
$C_{13}H_{24}O_5S$ (292,38)
Ber. C 53,40   H 8,28   S 10,96
Gef. C 53,16   H 8,17   S 10,97

10-Hydroxy-undecansäuremethylester aus 10-Hydroxy-11-phenylmercapto-undecansäuremethylester

9,7 g (0,03 Mol) 10-Hydroxy-11-phenylmercapto-undecansäuremethylester werden in einem mit Rückflußkühler, KPG-Rührer und Claisenaufsatz versehenen 500-ml-Kolben in 200 ml Methanol gelöst. Man fügt eine Suspension von 25 g Raney-Nickel in Methanol zu und erhitzt unter Durchleiten von Wasserstoff 6 Std. zum Sieden. Das Reaktionsgemisch wird anschließend abdekantiert und das Raney-Nickel dreimal mit 50 ml absol. Methanol extrahiert. Es muß mit Methanol bedeckt bleiben, da bei Trocknung Selbstentzündung eintritt. Man klärt die Methanol-Lösung mit A-Kohle und destilliert den Alkohol im Vakuum ab. Als Rückstand verbleibt ein farbloses Öl, das nach Abkühlen zu großen Kristallen erstarrt.

Schmp. 21° (Lit. (203) 21,5°) – Ausb. 6,0 g (92,5% d. Th.)
$C_{12}H_{24}O_3$ (216,30)
VZ Ber. 259 – Gef. 256
S-Probe negativ

10-Hydroxy-undecansäure (203)

4,32 g (0,02 Mol) 10-Hydroxy-undecansäuremethylester wurden mit 10%iger methanolischer Kalilauge eine Stunde auf dem Wasserbad erhitzt. Nach Abdampfen des Methanols im Wasserstrahlvakuum nimmt man mit Wasser auf und säuert mit verd. Schwefelsäure an, worauf sich die Säure als Öl auf der wäßrigen Schicht abscheidet. Das erstarrte Rohprodukt wird aus Äthylacetat und Äthylacetat-Petroläther umkristallisiert.

Schmp. 49,5° (Lit. 49,5°) – Ausb. 3,3 g (81,8% d. Th.)
$C_{11}H_{22}O_3$ (202,28)
Ber.   C 65,40   H 10,96
Gef.   C 64,84   H 10,89

10-Oxo-undecansäure (204)

Zu einer Lösung von 2,0 g (0,01 Mol) 10-Hydroxy-undecansäure in 20 ml wasserfreiem Eisessig läßt man bei Raumtemperatur unter Feuchtigkeitsausschluß langsam 1 g CrO_3 in 30 ml Eisessig tropfen. Hierbei tritt eine geringe Erwärmung auf. Nach 2 Std. wird durch Äthanolzugabe überschüssiges CrO_3 reduziert und die Reaktionslösung im Wasserstrahlvakuum zur Trockne eingedampft. Man nimmt die Ketosäure in Äther auf, wäscht die organische Phase neutral und dampft das Lösungsmittel nach Trocknen mit Na_2SO_4 ab. Umkristallisation aus Essigester-Petroläther.

Schmp. 58–59,5° (Lit. 58,5–59,5°) – Ausb. 1,9 g (95,0% d. Th.)
$C_{11}H_{20}O_3$ (200,27)
Ber.   C 66,05   H 10,08
Gef.   C 66,03   H 10,09

IV. (β-Phenyl-β-hydroxyäthyl)-thioäther

(β-Phenyl-β-hydroxyäthyl)-äthyl-thioäther

1. *Aus Styroloxyd und Äthylmercaptan*

45,0 g (0,37 Mol) Styroloxyd werden mit 23,0 g (0,37 Mol) Äthylmercaptan nach Zusatz von 4,0 g getrocknetem Amberlit IRA 400 in der OH-Form in einem Dreihals-Kolben mit KPG-Rührer und Rückflußkühler unter gutem Rühren 16 Std. bei 65° umgesetzt. Das Reaktionsprodukt wird in Äther aufgenommen, der Ionenaustauscher abfiltriert und die ätherische Schicht zur Entfernung des Mercaptans mit verd. Natronlauge im Scheidetrichter gut durchgeschüttelt. Nach Neutralwaschen trocknet man die organische Phase mit Na_2SO_4, destilliert den Äther auf dem Wasserbad ab und fraktioniert den Rückstand im Vakuum.

    Sdp. 155°/13 Torr
    Ausb. 58,5 g (86,8% d. Th.)
    $C_{10}H_{14}OS$ (182,27)
    Ber.   C 65,90   H 7,75   S 17,57
    Gef.   C 65,69   H 8,03   S 17,42
    Molekulargewicht nach Beckmann in Benzol: Ber. 182,3 – Gef. 184,5

1-(3,5-Dinitro-benzoesäure)-1-phenyl-2-äthylmercaptoäthylester

1,8 g (0,01 Mol) (β-Phenyl-β-hydroxyäthyl)-äthylthioäther werden mit 2,3 g (0,01 Mol) 3,5-Dinitro-benzoylchlorid in 30 ml Benzol und 10 ml Pyridin nach Einhorn durch halbstündiges Erhitzen auf dem Wasserbad acyliert. Nach Erkalten nimmt man mit Äther auf, wäscht mit verd. Salzsäure pyridinfrei und behandelt anschließend mit Natriumbicarbonat-Lösung. Die ätherische Phase wird nach Neutralwaschen mit Na_2SO_4 getrocknet und das Lösungsmittel auf dem Wasserbad abdestilliert. Der Destillationsrückstand erstarrt nach dem Abkühlen. Zweimaliges Umkristallisieren aus Methanol ergibt einen Schmp. von 98°.

    Ausb. 3,15 g (83,7% d. Th.)
    $C_{17}H_{16}O_6N_2S$ (376,40)
    Ber.   C 54,20   H 4,28   N 7,43   S 8,52
    Gef.   C 54,30   H 4,59   N 7,20   S 8,85

(β-Phenyl-β-hydroxyäthyl)-äthyl-thioäther

2. *Durch Reduktion von Phenacyl-äthyl-thioäther nach* MEERWEIN–PONNDORF

a) Phenacyl-äthyl-thioäther (205)

Zu einer Lösung von 4,6 g Natrium (0,2 Mol) in 80 ml absol. Methanol und 14,9 g (0,24 Mol) Äthylmercaptan werden 47,8 g (0,24 Mol) ω-Brom-acetophenon in 120 ml absol. Methanol zugetropft. Man erhitzt das Reaktionsgemisch 4 Std. unter Rückfluß. Nach dem Abkühlen wird ausgeschiedenes NaBr abfiltriert und der Alkohol im Vakuum abdestilliert. Als Rückstand verbleibt ein Öl, das mit Wasser und Äther aufgenommen wird. Man wäscht den Ätherauszug mit verd. Natronlauge und anschließend mit Wasser neutral. Nach Trocknen mit Na_2SO_4 und Abdestillieren des Äthers wird im Hochvakuum fraktioniert.

    Sdp. 104°/0,15 Torr
    Ausb. 28,6 g (79,3% d. Th.)
    $C_{10}H_{12}OS$ (180,3)
    S Ber. 17,80 – Gef. 17,73

b) Reduktion

12,0 g (0,066 Mol) Phenacyl-äthyl-thioäther werden in 100 ml absolutem Isopropanol gelöst und 4,0 g (0,02 Mol) Aluminiumisopropylat zugefügt. Das Aluminiumisopropylat muß vor der Umsetzung durch Hochvakuumdestillation gereinigt werden, um störende Nebenreaktionen zu verhindern. Man destilliert nun langsam mit Hilfe einer Widmer-Spirale und unter Durchleiten von Stickstoff entstehendes Aceton und Isopropanol über. Zur Vervollständigung der Reaktion werden weitere 100 ml absol. Isopropanol zugefügt und im Stickstoffstrom überdestilliert bis die Keto-Reaktion des Destillates mit 2,4-Dinitro-phenylhydrazin negativ ausfällt.

Nach Abdestillieren des Isopropanols nimmt man mit Äther auf, entfernt mit verdünnter Salzsäure das Aluminiumisopropylat, wäscht neutral und trocknet die ätherische Schicht mit Natriumsulfat. Der Äther wird alsdann abdestilliert und der Thioäther im Hochvakuum fraktioniert.

Sdp. 100–102°C/0,075 Torr; 153°C/13 Torr
Ausb. 6,2 g (51% d. Th.)
$C_{10}H_{14}OS$ (182,3)
S Ber. 17,55 – Gef. 17,34

1-(3,5-Dinitro-benzoesäure)-1-phenyl-2-äthylmercapto-äthylester

1,8 g (0,01 Mol) (β-Phenyl-β-hydroxyäthyl)-äthyl-thioäther werden mit 2,3 g (0,01 Mol) 3,5-Dinitro-benzoylchlorid nach der vorher beschriebenen Methode verestert.

Schmp. 98° – Ausb. 3,3 g (87,6% d. Th.)
$C_{17}H_{16}O_6N_2S$ (376,4)
Ber.　C 54,20　　H 4,28
Gef.　C 54,14　　H 4,02

Der Mischschmelzpunkt der auf zwei verschiedenen Wegen dargestellten 3,5-Dinitrobenzoylester zeigte keine Depression.

(β-Phenyl-β-hydroxyäthyl)-phenyl-thioäther

33,0 g (0,3 Mol) Thiophenol werden in der vorher beschriebenen Weise mit 36,0 g (0,3 Mol) Styroloxyd unter Zusatz von 5 g Amberlit IRA 400 6 Std. bei 60° umgesetzt. Nach Erkalten wird das Reaktionsgemisch mit Äther aufgenommen und wie üblich aufgearbeitet. Durch Fraktionierung im Hochvakuum erhält man ein hochviskoses farbloses Öl.

Sdp. 154–156°/0,04 Torr
Ausb. 52,2 g (75,7% d. Th.)
$C_{14}H_{14}OS$ (230,31)
Ber.　C 73,00　　H 6,14　　S 13,92
Gef.　C 72,63　　H 6,02　　S 13,61

2-Phenyl-thioxanon-(6)

24,0 g (0,2 Mol) Thioglykolsäureäthylester werden mit 8,0 g Amberlit IRA 400 versetzt. Man tropft 24,0 g (0,2 Mol) Styroloxyd zu und führt die Reaktion unter einer Stickstoffatmosphäre 16 Std. bei 60° durch. Zur Aufarbeitung wird mit Äther aufgenommen, der Ionenaustauscher abfiltriert und nach Abdampfen des Lösungsmittels im Hochvakuum fraktioniert. Man erhält ein gelbliches Öl, das nach Abkühlung kristallisiert.

Sdp. 164–166°/0,03 Torr
Ausb. 20,5 g (52,8% d. Th.)

Durch Kristallisation aus Äthanol weiße Nadeln vom Schmp. 118,5°.

$C_{10}H_{10}O_2S$ (194,25)
Ber.　C 61,82　　H 5,18　　S 16,51
Gef.　C 62,17　　H 5,12　　S 16,25
VZ Ber. 289 – Gef. 288

S-(β-Phenyl-β-hydroxyäthyl)-thioglykolsäure-N-cyclohexylamid

Zu 1,2 g (0,006 Mol) 2-Phenyl-thioxanon-(6) werden 1,5 g (0,015 Mol) Cyclohexylamin getropft. Unter starker Erwärmung tritt sofort die Umsetzung ein. Man erhitzt noch 30 min auf dem Wasserbad und kristallisiert das Reaktionsgemisch aus 50%igem Äthanol um.

Schmp. 101° – Ausb. 1,56 g (88,5% d. Th.)
$C_{16}H_{23}O_2NS$ (293,48)
Ber.   C 65,60   H 7,91   N 4,78   S 10,92
Gef.   C 65,86   H 7,88   N 4,84   S 10,84

S-(β-Phenyl-β-hydroxyäthyl)-thioglykolsäurehydrazid

Man erhitzt 1,94 g (0,01 Mol) 2-Phenyl-thioxanon-(6) mit 1,0 g (0,02 Mol) Hydrazinhydrat 30 min auf dem Wasserbad. Das nach dem Abkühlen erstarrte Rohprodukt wird aus Äthanol umkristallisiert.

Schmp. 112° – Ausb. 1,7 g (75,0% d. Th.)
$C_{10}H_{14}O_2N_2S$ (226,43)
Ber.   C 53,10   H 6,23   N 12,42   S 14,14
Gef.   C 53,32   H 6,16   N 12,64   S 14,06

V. Episulfido-Verbindungen

3,4-Episulfido-capronsäureäthylester

15,8 g (0,1 Mol) 3,4-Epoxy-capronsäureäthylester (hergestellt durch Epoxydation von Hexen-3-carbonsäureäthylester mit 30%iger Peressigsäure) werden unter Rühren zu einer Suspension von 7,6 g (0,1 Mol) Thioharnstoff in 50 ml Wasser und 4,9 g (0,05 Mol) Schwefelsäure bei 5° getropft. Man rührt weitere 2 Std. bei 5° und läßt dann auf Zimmertemperatur erwärmen. Nach Zugabe einer Lösung von 10,6 g (0,1 Mol) Na_2CO_3 in 40 ml Wasser wird das Reaktionsgemisch noch 1 Std. gerührt, kurz auf 45° erwärmt und nach Abkühlung die organische Schicht mit Äther aufgenommen. Der Äther wird neutral gewaschen und mit Na_2SO_4 getrocknet. Nach Abdestillieren des Lösungsmittels erfolgt Fraktionierung im Wasserstrahlvakuum.

Sdp. 99–100°/15 Torr
Ausb. 9,4 g (54,0% d. Th.)
$C_8H_{14}O_2S$ (174,25)
Ber.   C 55,20   H 8,10   S 18,40
Gef.   C 55,10   H 8,22   S 17,80

10,11-Episulfido-undecansäuremethylester

Zu einer Lösung von 15,2 g (0,2 Mol) Thioharnstoff in 50 ml Wasser, 50 ml Dioxan und 9,8 g (0,1 Mol) Schwefelsäure werden bei 0–5° 42,8 g (0,2 Mol) 10,11-Epoxyundecansäuremethylester (hergestellt durch Epoxydierung von Undecylensäuremethylester mit Peressigsäure (206) langsam unter Rühren getropft. Bei Zimmertemperatur rührt man weitere 2 Std. und läßt nach Zugabe von 50 ml Dioxan 21,2 g (0,2 Mol) Na_2CO_3 in 100 ml Wasser gelöst zutropfen. Man erwärmt kurze Zeit auf 50° und extrahiert anschließend zweimal mit Petroläther. Die organische Schicht wird neutral gewaschen, mit Na_2SO_4 getrocknet und nach Abdampfen des Petroläthers im Hochvakuum fraktioniert.

Sdp. 128–130°/0,03 Torr
Ausb. 25,4 g (55,3% d. Th.)
$n_D^{23} = 1,4766$
$C_{12}H_{22}O_2S$ (230,36)
Ber. C 62,60   H 9,62   S 13,92
Gef. C 62,63   H 10,00   S 13,45

Bis-(10-hydroxy-11-isothioronium-undecansäuremethylester)-sulfat

Zu einer Lösung von 2,3 g (0,03 Mol) Thioharnstoff in 15 ml Wasser und 1,47 g (0,015 Mol) Schwefelsäure läßt man bei 0–5° langsam 6,4 g (0,03 Mol) 10,11-Epoxy-undecansäuremethylester unter Rühren zutropfen, verdünnt nach 2 Std. mit 200 ml Wasser und filtriert das ausgefallene Isothioroniumsalz ab, das mehrmals aus Methanol umkristallisiert wird.

Schmp. 143° – Ausb. 7,5 g (73,6% d. Th.)
$C_{26}H_{54}O_{10}N_4S_3$ (679,19)
Ber. C 46,00   H 8,02   N 8,30   S 14,15
Gef. C 45,67   H 8,04   N 8,19   S 14,04

9,10-Episulfido-stearinsäure

a) cis-9,10-Epoxy-stearinsäure wurde nach der Methode von SWERN und DICKEL (207) durch Epoxydierung von Ölsäure mit Peressigsäure dargestellt.

Schmp. 59° (Lit. 59,5°) $n_D^{70} = 1,4422$

b) Zu 22,8 g (0,3 Mol) Thioharnstoff in 120 ml Wasser und 14,7 g (0,15 Mol) Schwefelsäure wird eine Lösung von 89,5 g (0,3 Mol) cis-9,10-Epoxy-stearinsäure in 250 ml Dioxan unter Rühren bei 5° langsam getropft. Nach beendeter Zugabe führt man die Reaktion 2 Std. bei der angegebenen Temperatur durch, erwärmt kurz auf 40° und rührt weitere 2 Std. Dann läßt man eine Lösung von 63,6 g (0,6 Mol) Na_2CO_3 in 150 ml Wasser unter starkem Rühren zutropfen und erwärmt kurze Zeit auf 40° bis zur Auflösung des entstandenen Niederschlages. Nach 1 Std. werden ca. 400 ml Wasser zugefügt. Man überschichtet mit Äther und säuert mit verd. Schwefelsäure bis pH 5 an. Die wäßrige Schicht wird insgesamt dreimal ausgeäthert, die organische Lösung neutral gewaschen und mit Na_2SO_4 getrocknet. Nach Abdampfen des Äthers erhält man ein weißes Produkt, das mehrmals aus Aceton umkristallisiert wird.

Schmp. 60–62° – Ausb. 76,5 g (81% d. Th.) $n_D^{70} = 1,4671$
$C_{18}H_{34}O_2S$ (314,51)
Ber. C 68,80   H 10,90   S 10,19
Gef. C 68,75   H 10,79   S 10,03

9,10-Episulfido-stearinsäuremethylester

Man tropft zu einer Lösung von 1,57 g (0,005 Mol) 9,10-Episulfido-stearinsäure in 10 ml Äther langsam unter Eiskühlung eine ätherische Lösung von Diazomethan bis zur Gelbfärbung und läßt über Nacht im Eisschrank stehen. Überschüssiges Diazomethan und der Äther werden im Vakuum abdestilliert. Um letzte Spuren von Lösungsmitteln zu entfernen, saugt man 15 min im Hochvakuum bei Zimmertemperatur ab. Als Rückstand verbleibt eine farblose Flüssigkeit von mercaptanähnlichem Geruch.

Ausb. 1,52 g (92,5% d. Th.) $n_D^{20} = 1,4757$
$C_{19}H_{36}O_2S$ (328,54)
Ber. C 69,50   H 11,05   S 9,75
Gef. C 69,43   H 10,54   S 9,43
Molekulargewicht nach Beckmann in Benzol: Ber. 328,54 – Gef. 327

13,14-Episulfido-behensäure

a) trans-13,14-Epoxy-behensäure (208) wurde ebenfalls durch Epoxydierung von 16,9 g (0,05 Mol) Brassidinsäure mit 20%iger Peressigsäure dargestellt.

Schmp. 69° (Lit. 70,5°) – Ausb. 12,5 g (70,5% d. Th.)
Epoxy-Sauerstoff Ber. 4,51 – Gef. 4,41

b) Zu einer Suspension von 3,04 g (0,04 Mol) Thioharnstoff in 20 ml Wasser und 1,96 g (0,02 Mol) Schwefelsäure läßt man unter gutem Rühren bei 5° eine Lösung von 7,1 g (0,02 Mol) trans-13,14-Epoxy-behensäure in 25 ml Dioxan langsam tropfen. Man rührt 2 Std. bei dieser Temperatur und nach kurzem Erwärmen auf 45° weitere 2 Std. bei Zimmertemperatur. Dann fügt man eine Lösung von 4,24 g (0,04 Mol) Na_2CO_3 in 25 ml Wasser zu und rührt nach kurzem Erwärmen auf 50° weiterhin 1 Std. Die Lösung wird mit Äther überschichtet und mit verd. Schwefelsäure bis pH 5 angesäuert. Nach der Aufarbeitung kristallisiert man das Episulfid mehrmals aus Aceton um.

Schmp. 71–73,5° – Ausb. 5,3 g (71,5% d. Th.)
$C_{22}H_{42}O_2S$ (370,61)
Ber.   C 71,30   H 11,42   S 8,65
Gef.   C 71,34   H 11,28   S 8,61

13,14-Episulfido-behensäuremethylester

1,85 g (0,005 Mol) 13,14-Episulfido-behensäure in 10 ml Äther werden mit Diazomethan verestert und das überschüssige Diazomethan und der Äther nach der Reaktion im Wasserstrahlvakuum abdestilliert. Als Rückstand verbleibt ein weißes Produkt, das aus Methanol bei —20° umkristallisiert wird.

Schmp. 33–35° – Ausb. 1,39 g (72,5% d. Th.)
$C_{23}H_{44}O_2S$ (384,64)
Ber.   C 71,82   H 11,53   S 8,33
Gef.   C 71,85   H 11,04   S 8,48
        C 71,87   H 11,00

9,10–12,13-Di-episulfido-stearinsäure

a) cis-9,10-cis-12,13-Di-epoxy-stearinsäure (209): 10 g Linolsäure (0,036 Mol) in 20 ml Eisessig (100%ig) werden unter Rühren und Eiskühlung langsam zu 75 ml einer 15%igen Peressigsäure und 1,0 g Natriumacetat (3 H_2O) getropft. Unter Eiskühlung rührt man 4 Std. und gießt das Reaktionsgemisch anschließend in Eiswasser. Das ausgefallene Rohprodukt wird abgesaugt, mit Eiswasser gründlich gewaschen und im Vakuumexsikkator über P_2O_5 und KOH getrocknet. Durch Kristallisation aus Aceton bei —20° wird die cis-9,10-cis-12,13-Di-epoxy-stearinsäure gereinigt.

Schmp. 78° (Lit. 79°) – Ausb. 7,3 g (65,0% d. Th.)

b) Eine Lösung von 3,1 g (0,01 Mol) cis-9,10-cis-12,13-Di-epoxy-stearinsäure in 25 ml Dioxan wird langsam bei 5° zu einer Mischung von 1,52 g (0,02 Mol) Thioharnstoff in 15 ml Wasser und 0,98 g (0,01 Mol) Schwefelsäure unter Rühren getropft. Eine Std. nach der Zugabe erwärmt man den entstandenen Niederschlag auf 35° bis zur Auflösung und rührt weitere 2 Std. bei Zimmertemperatur. Alsdann fügt man langsam eine Lösung von 3,18 g (0,03 Mol) Na_2CO_3 in 150 ml Wasser zu und erwärmt zur Auflösung des entstandenen Niederschlags evtl. unter Zugabe von Wasser kurz auf 40°, rührt weiterhin 1,5 Std. bei Zimmertemperatur, überschichtet mit Äther und säuert mit verd. Schwefelsäure bis pH 6 an. Die wäßrige Schicht wird dreimal mit Äther extrahiert, die vereinigten Ätherauszüge werden neutral gewaschen und mit Na_2SO_4 getrocknet. Nach Abdampfen des Äthers erhält man ein hochviskoses Öl, das in nadelförmigen Kristallen erstarrt. Das Produkt wird dreimal aus Methanol umkristallisiert.

Schmp. 56,5° – Ausb. 2,36 g (68,5% d. Th.)
$C_{18}H_{32}O_2S_2$ (344,55)

Ber.	C 62,74	H 9,33	S 18,61
Gef.	C 62,72	H 8,95	S 18,49
	C 62,84	H 8,98	

9,10-Episulfido-octadecanol

a) cis-9,10-Epoxy-octadecanol (210) wurde durch Epoxydierung von 80,5 g (0,3 Mol) Oleylalkohol mit 20%iger Peressigsäure dargestellt.

Schmp. 54° (Lit. 54°) – Ausb. 55,2 g (64,8% d. Th.)

b) 14,22 g (0,05 Mol) cis-9,10-Epoxy-octadecanol werden in 70 ml Dioxan gelöst und zu einer Suspension von 3,8 g (0,05 Mol) Thioharnstoff in 20 ml Wasser und 2,45 g (0,025 Mol) Schwefelsäure bei 0–5° unter gutem Rühren getropft. Nach 2 Std. erwärmt man kurz auf 50° und führt die Reaktion noch 1 Std. bei Zimmertemperatur durch. Hierauf fügt man eine Lösung von 2,65 g (0,025 Mol) Na_2CO_3 in 15 ml Wasser zu, erwärmt erneut auf 40°, läßt unter Rühren auf Zimmertemperatur abkühlen und extrahiert dreimal mit Äther. Die ätherische Lösung wird mit Na_2SO_4 getrocknet und das Lösungsmittel abdestilliert. Nach mehrmaligem Umkristallisieren aus Aceton und Methanol schmolz das Episulfid bei 49,5–50,5°.

Ausb. 9,6 g (63,9% d. Th.)
$C_{18}H_{36}OS$ (300,52)

Ber.	C 72,10	H 12,10	S 10,68
Gef.	C 72,03	H 11,96	S 10,15

13,14-Episulfido-docosanol

a) cis-13,14-Epoxy-docosanol
Zu 200 ml 20%iger Peressigsäure und 1,4 g Natriumacetat (3 H_2O) wird langsam eine Lösung von 32,4 g (0,1 Mol) Erucylalkohol in 100 ml Eisessig bei Zimmertemperatur zugetropft. Man führt die Epoxydierung 3 Std. unter gutem Rühren durch. Hiernach gießt man das Reaktionsgemisch in die vierfache Menge Eiswasser, filtriert das ausgeschiedene Epoxyd ab und trocknet im Vakuumexsikkator über P_2O_5 und KOH. Die Reinigung erfolgt durch Kristallisation aus Aceton und Methanol.

Schmp. 65,5° – Ausb. 25,2 g (74% d. Th.)
$C_{22}H_{44}O_2$ (340,57)
Epoxy-Sauerstoff Ber. 4,70 – Gef. 4,62

b) In eine Mischung von 2,3 g (0,03 Mol) Thioharnstoff, 1,5 g (0,015 Mol) Schwefelsäure und 15 ml Wasser tropft man eine Lösung von 10,2 g (0,03 Mol) cis-13,14-Epoxydocosanol in 150 ml Dioxan unter gutem Rühren bei 0–5° und führt die Reaktion 2 Std. bei Zimmertemperatur und 30 min bei 40° durch. Nach dem Erkalten fügt man eine Lösung von 3,18 g (0,03 Mol) Natriumcarbonat in 15 ml Wasser zu, erwärmt erneut auf 40° und nimmt das Reaktionsgemisch anschließend mit Äther auf. Die Aufarbeitung der organischen Phase liefert weiße Kristallblättchen, die aus Äthanol, Methanol, Aceton und Petroläther umkristallisiert werden.

Schmp. 64° – Ausb. 6,7 g (62,5% d. Th.)
$C_{22}H_{44}OS$ (356,63)

Ber.	C 74,20	H 12,43	S 9,00
Gef.	C 74,39	H 12,16	S 8,63

Episulfidierte Öle

Episulfido-Sojaöl

Als Ausgangsprodukt diente epoxydiertes Sojaöl (ESTABEX 2307) der Firma Oxydo mit einem Epoxyd-Gehalt von 6,35%.

33,5 g (0,44 Mol) Thioharnstoff werden in 21,6 g (0,22 Mol) Schwefelsäure und 100 ml Wasser suspendiert. Bei 5° tropft man unter gutem Rühren eine Lösung von 100 g epoxydiertem Sojaöl in 300 ml Dioxan zu und läßt auf Zimmertemperatur erwärmen. Nach 2 Std. wird die Temperatur auf 40° erhöht und weiterhin 30 min gut gerührt. Bei Zimmertemperatur fügt man eine Lösung von 26,5 g (0,25 Mol) Na_2CO_3 in 150 ml Wasser zu und erwärmt erneut 30 min auf 50°. Das Reaktionsgemisch wird dann mit Äther aufgenommen, neutral gewaschen und mit Na_2SO_4 getrocknet. Nach Abdampfen des Äthers auf dem Wasserbad läßt sich das Episulfido-Sojaöl als gelbes, hochviskoses Öl gewinnen. Letzte Spuren von Äther werden im Vakuum entfernt.

Ausb. 85,2 g

Zur Ermittlung des Schwefelgehaltes diente der Aufschluß nach WURZSCHMITT–ZIMMERMANN mit Natriumperoxyd und anschließende gravimetrische Bestimmung des gefällten Bariumsulfates.

S-Gehalt 9,70%

Episulfido-Rüböl

Epoxy-Rüböl wurde durch Epoxydierung in ätherischer Lösung mit 20%iger Peressigsäure dargestellt. Reaktionszeit 18 Std. bei Zimmertemperatur.

Epoxy-Sauerstoff 5,50%

38 g (0,5 Mol) Thioharnstoff in 24,5 g (0,25 Mol) H_2SO_4 und 100 ml Wasser werden bei 5° mit 100 g epoxydiertem Rüböl in 200 ml Dioxan versetzt. Die Umsetzung wird in der vorher beschriebenen Weise durchgeführt. Nach Beendigung der Reaktion tropft man eine Lösung von 31,8 g (0,3 Mol) Na_2CO_3 in 200 ml Wasser zu, erwärmt 10 min auf 40° und nimmt bei Zimmertemperatur mit Äther auf. Die Aufarbeitung erfolgt wie vorher angegeben. Das gewonnene Episulfido-Rüböl ist gelb-orange.

Ausb. 88,4 g
S-Gehalt 5,65%

Episulfido-Olivenöl

Zur Darstellung epoxydierten Olivenöles (211) diente 20%ige Peressigsäure. Reaktionszeit 18 Std.

Epoxy-Sauerstoff 4,28%

25,3 g (0,33 Mol) Thioharnstoff in 15,7 g (0,16 Mol) Schwefelsäure und 100 ml Wasser werden mit 100 g epoxydiertem Olivenöl in 200 ml Dioxan umgesetzt. Anschließend fügt man 21,2 g (0,2 Mol) Na_2CO_3 in 200 ml Wasser zu und führt die Reaktion wie üblich durch. Nach der Aufarbeitung gewinnt man ein hellgelbes Öl.

Ausb. 81,8 g
S-Gehalt 7,17%

D. Zusammenfassung

Durch Addition von Aminen an trans-2,3-Epoxy-buttersäure und trans-2,3-Epoxybuttersäuremethylester ließen sich gut kristallisierende α-Hydroxy-β-amino-buttersäure-Derivate synthetisieren.

Styroloxyd wurde mit Fettsäuren unter Verwendung von Eisen-III-chlorid als Katalysator zu Phenylglykol-mono-fettsäureestern umgesetzt. Die Herstellung von Phenylglykol-di-estern erfolgte mit Hilfe von p-Toluol-sulfonsäure unter azeotroper Destillation des bei der Veresterung entstehenden Wassers.

Ringöffnungsreaktionen von Styroloxyd mit Mercaptanen führten zur Darstellung von (α-Phenyl-β-hydroxy-äthyl)-thioäthern. Zur Katalyse erwies sich der stark basische Ionenaustauscher Amberlit IRA 400 in der OH-Form als besonders geeignet. Weitere Vorteile der Anwendung desselben sind die einfache Aufarbeitung des Reaktionsgemisches und die Durchführung der Umsetzung bei niedrigen Temperaturen. Daß (β-Phenyl-β-hydroxyäthyl)-thioäther vorliegen, wurde durch Synthese auf anderem Wege bewiesen. Die Hochvakuumdestillation des (β-Phenyl-β-hydroxyäthyl)-carbäthoxymethyl-thioäthers führte unter Äthanol-Abspaltung zur Bildung von 2-Phenyl-thioxanon-(6), das mit Hydrazin und Cyclohexylamin die entsprechenden Säureamid-Derivate lieferte.

Die Ringöffnungsreaktionen von 10,11-Epoxy-undecansäuremethylester mit Mercaptanen verliefen unter Bildung von substituierten 10-Hydroxy-11-mercapto-undecasäuremethylestern, deren Konstitution durch Abbau ermittelt wurde.

Episulfido-fettsäuren und Episulfido-alkohole sowie episulfidierte Öle konnten durch Umsetzung der entsprechenden Epoxyde mit Thioharnstoff dargestellt werden. Mit Hilfe der Molekulargewichtsbestimmung und der UV-Spektroskopie ließ sich die monomolekulare Struktur der ersteren sicherstellen.

E. Literatur-Verzeichnis

(1) A. Wurtz, Liebigs Ann. Chem. **110**, 125 (1859).
(2) Internationale Union für Chemie, Ber. dtsch. chem. Ges. **65**, 15 (1932).
(3) A. M. Paquin, Epoxy-Verbindungen und Epoxyharze, S. 124, Berlin–Göttingen–Heidelberg, Springer-Verlag 1958.
(4) H. Oswald, Helv. chim. Acta **18**, 1303 (1935).
(5) P. Karrer und E. Jucker, Helv. chim. Acta **28**, 300 (1945).
(6) P. Karrer und E. Jucker, Helv. chim. Acta **26**, 626 (1943).
(7) P. Karrer und E. Jucker, Helv. chim. Acta **27**, 1587 (1944).
(8) H. Brockmann, Hoppe-Seyler's Z. physiol. Chem. **213**, 192 (1932).
(9) P. Karrer, Helv. chim. Acta **28**, 1146 (1945).
(10) P. Karrer und E. Jucker, Helv. chim. Acta **28**, 717 (1945).
(11) F. R. Earle und J. A. Wolff, J. Amer. Oil Chemists' Soc. **37**, 254 (1960).
(12) F. D. Gunstone und L. J. Morris, J. chem. Soc. (London) **1954**, 1611; **1954**, 934; **1959**, 2127; N. H. E. Ahlers und G. Mc. Taggart, Analyst **79**, 70 (1954).
(13) C. R. Smith jr., M. O. Bagby, R. L. Lohmar, C. A. Glass und J. A. Wolff, J. chem. Soc. (London) **1960**, 218.
(14) K. E. Bharucha und F. D. Gunstone, J. Sci. Food Agric. **6**, 373 (1955); **7**, 606 (1956).
(15) M. J. Chisholm und C. Y. Hopkins, Canad. J. Chem. **35**, 358 (1957).
(16) C. Y. Hopkins und M. J. Chisholm, J. Amer. Oil Chemists' Soc. **36**, 95 (1959).
(17) C. R. Smith, F. K. Koch und J. A. Wolff, Chem. and Ind. (London) **1959**, 259.
(18) F. D. Gunstone und L. J. Morris, J. chem. Soc. (London) **1959**, 2127; J. D. v. Mikusch, Farbe und Lack **58**, 402 (1952); J. D. v. Mikusch und U. Dylla, J. Amer. Oil Chemists' Soc. **31**, 114 (1954).
(19) M. J. Chisholm und C. Y. Hopkins, Chem. and Ind. (London) **1959**, 1154; J. P. Tulloch, B. M. Craig und G. Ledingham, Can. J. Microbiol. **5**, 485 (1959).
(20) Angew. Chem., Nachrichten aus Chemie u. Technik **7**, 3 (1959).
(21) R. B. Woodward, J. Amer. chem. Soc. **82**, 3225 (1960), ref. Angew. Chem. **72**, 718 (1960).
(22) J. Druly, Angew. Chem. **72**, 680 (1960); D. S. Tarbell, J. Amer. chem. Soc. **82**, 1005 (1960).
(23) E. Schmidt, Arch. Pharmaz. Ber. dtsch. pharmaz. Ges. **243**, 303 (1905); **248**, 641 (1910).
(24) H. Böhme und G. Pietsch, Ber. dtsch. chem. Ges. **72**, 773 (1939); **72**, 780 (1939).
(25) B. Fokin, Z. angew. Chem. **22**, 1451 (1909); A. Szent–Györgyi, Biochem. Z. **146**, 245 (1924).
(26) W. Ellis, Biochem. J. **26**, 791 (1932).
(27) W. Franke, Liebigs Ann. Chem. **533**, 47 (1938).
(28) P. Karrer und E. Jucker, Helv. chim. Acta **28**, 427 (1945).
(29) C. R. Smith und Mitarb., J. org. Chemistry **25**, 220 (1960).
(30) P. Karrer, Helv. chim. Acta **28**, 1146 (1945).
(31) H. Fraenkel–Conrat, J. biol. Chemistry **154**, 227 (1944).
(32) J. L. Everett und G. A. R. Kon, J. chem. Soc. (London) **1950**, 3131.
(33) W. C. J. Ross, J. chem. Soc. (London) **1950**, 2270.
(34) C. Loveless und D. Revell, Nature (London) **164**, 938 (1949).
(35) F. L. Rose, J. A. Hendry und A. L. Walpole, Nature (London) **165**, 993 (1950); J. A. Hendry, R. F. Homer, F. L. Rose und A. L. Walpole, Brit. J. Pharmacol. Chemotherapy **6**, 235 (1951).
(36) A. Haddow, in: F. Homburger und W. H. Fishman, The Physiopathology of Cancer, New York 1953.
(37) C. T. Klopp und J. C. Bateman, Adv. Cancer, Research **2**, 255 (1954); J. A. Hendry, R. F. Homer, F. L. Rose und A. L. Walpole, Acta Un. int. Cancr., Bruxelles **7**, 477 (1951).
(38) E. Metz, Ärztl. Sachverständigen-Zeitung **1938**, 155; W. Tilling, Ärztl. Wschr. **9**, 282 (1954).
(39) W. D. Niederhauser und J. E. Koroly, A. P. 2485160.
(40) D. Swern, Chem. Reviews **45**, 1 (1949); B. Phillips, J. Amer. chem. Soc. **79**, 5982 (1957).

(41) D. Swern, T. W. Findley und J. T. Scanlan, J. Amer. chem. Soc. **66**, 1925 (1944); **67**, 1786 (1945); N. Prileshajew, Ber. dtsch. chem. Ges. **42**, 4811 (1909); N. Prileshajew, J. russ. physik. chem. Ges. **42**, 1387 (1909); **43**, 609 (1910); **44**, 613 (1911); J. chem. Soc. (London) **1948**, 1328.

(42) P. N. Chakravorty und R. H. Levin, J. Amer. chem. Soc. **64**, 2317 (1942); H. Böhme, Ber. dtsch. chem. Ges. **70**, 379 (1937).

(43) W. D. Emmons und A. S. Pagomo, J. Amer. chem. Soc. **77**, 19 (1955).

(44) N. A. Milas und J. S. Cliff, J. Amer. chem. Soc. **55**, 352 (1933).

(45) F. P. Greenspan, R. J. Gall und G. Mc. Kellar, J. org. Chemistry **20**, 215 (1955); D. Swern und E. Parker, J. Amer. chem. Soc. **80**, 323 (1958).

(46) D. Swern und E. Parker, J. org. Chemistry **22**, 583 (1957); J. Amer. chem. Soc. **77**, 4037 (1955).

(47) A. P. 2457328.

(48) D. Swern, J. Amer. chem. Soc. **69**, 1692 (1947).

(49) E. Erlenmeyer und R. Miller, Ber. dtsch. chem. Ges. **15**, 44 (1882); A. Melikow, Liebigs Ann. Chem. **266**, 359 (1891).

(50) G. King, J. chem. Soc. (London) **1949**, 1818.

(51) Hiromu Miya und Toshio Shimura, J. Oil Chemists' Soc., Japan **7**, 414 (1958); ref. C. **1959**, 15665.

(52) E. Erlenmeyer, Liebigs Ann. Chem. **271**, 161 (1892).

(53) G. Darzens, C. R. hebd. Séances Acad. Sci. **139**, 1214 (1904); **142**, 214 (1906); **142**, 714 (1906); **195**, 884 (1932).

(54) L. Claisen, Ber. dtsch. chem. Ges. **38**, 693 (1905).

(55) F. Schulz, Seifen - Öle - Fette - Wachse **86**, 303 (1960); **86**, 380 (1960); **86**, 431 (1960).

(56) A. Cambron und W. A. Alexander, Canad. J. Chem. **34**, 665 (1956); ref. C. **1960**, 1127.

(57) St. D. Zimmermann, DAS 1057084, Dow Chemical Co.; ref. C. **1960**, 6325.

(58) F. P. Greenspan und J. Gall, J. Amer. Oil Chemists' Soc. **34**, 161 (1957).

(59) Progress Report on Du Pont peroxygen research, J. Amer. Oil Chemists' Soc. **35**, 22 (1958).

(60) Vortrag auf dem Internationalen Biochemie-Kongreß zu Brüssel 1955.

(61) F. R. Hansen, J. Amer. chem. Soc. **75**, 5369 (1953); Fed. Proc. **14**, 251 (1955).

(62) G. M. Schull und D. A. Kita, J. Amer. chem. Soc. **77**, 763 (1955); A. P. 2658023.

(63) A. P. 2602769; A. P. 2673866; A. M. Paquin, Epoxy-Verbindungen u. Epoxyharze, S. 124, Berlin–Göttingen–Heidelberg, Springer-Verlag 1958.

(64) R. Boeseken, Recueil Trav. chim. Pays-Bas **47**, 683 (1928).

(65) M. Tiffeneau, C. R. hebd. Séances Acad. Sci. **205**, 144 (1937).

(66) A. Tschitschibabin und M. Bestusheff, C. R. hebd. Séances Acad. Sci. **200**, 242 (1935).

(67) A. P. 2390519 (1945).

(68) D. Swern, A. P. 2542062 (1951).

(69) C. D. Nenitzescu und N. Scarlatescu, Ber. dtsch. chem. Ges. **68**, 587 (1935).

(70) P. Sergeew, J. allg. Chem. **7**, 1390 (1937).

(71) J. Lévy und O. Sfiras, C. R. hebd. Séances Acad. Sci. **191**, 261 (1930).

(72) A. P. 2576138 (1951).

(73) C. C. J. Culvenor und W. Davies, J. chem. Soc. (London) **1949**, 278.

(74) J. Colonge und A. Rochas, C. R. hebd. Séances Acad. Sci. **223**, 403 (1946).

(75) Belg. P. 448689 (1943).

(76) B. Sjöberg, Svensk kem. Tidskr. **53**, 454 (1941); ref. C. A. **37**, 4363 (1943).

(77) G. Gaylord und E. J. Beeker, Chem. Reviews **49**, 413 (1951).

(78) H. Chimwood und B. Freure, J. Amer. chem. Soc. **68**, 680 (1946); A. Petrow, J. allg. Chem. **10**, 981 (1940).

(79) G. King, J. chem. Soc. (London) **1943**, 37; DRP. 542617; ref. C.A. **26**, 3264 (1932); H. Jorlander, Ber. dtsch. chem. Ges. **50**, 407 (1917); E. Knoevenagel, Liebigs Ann. Chem. **402**, 111 (1914).

(80) F. P. 662602.

(81) A. Kiprianow, Ukrain. chem. J. **2**, 236 (1926); ref. C. **98**, 2654 (1927).

(82) W. Traube und E. Lehmann, Ber. dtsch. chem. Ges. **32**, 720 (1889).

(83) A. Knunjanz, Ber. Akad. Wiss. UdSSR **1**, 312 (1934).

(84) Can. P. 512236; N. S. Newman und G. Underwood, J. Amer. chem. Soc. **71**, 3362 (1949); R. Mystrom und W. Brown, J. Amer. chem. Soc. **70**, 3738 (1948); W. Trevoy und W. G. Brawu, J. Amer. chem. Soc. **71**, 1675 (1949).

(85) K. Krasuski, J. russ. physik. chem. Ges. **34**, 537 (1902); M. Malinowski, Wissensch. Notizen des Gorkiinstitutes **15**, 94 (1949).
(86) E. Narracott und J. Nielsen, Fette · Seifen · Anstrichmittel **56**, 92 (1954); L. Korfhage, ebenda **58**, 186 (1956).
(87) W. H. Chatfield, Paint, Oil Colour J. **130**, 416 (1956); P. Bruin, Kunststoffe **45**, 335 (1955); S. H. Ott und H. Zumstein, Farbe u. Lack **62**, 413 (1956).
(88) D. E. Floyd und W J. Ward, Kunststoffe **46**, 522 (1956).
(89) H. A. Bruson, A. P. 1815886.
(90) H. Lohmann, J. prakt. Chem. **135**, 57 (1939); J. Jungnickel in Mitchel, Organic Analysis **1**, 127 (1953).
(91) G. Lewin, Paint Manufact. **24**, 434 (1954).
(92) W. Davies und W. S. Savige, J. chem. Soc. (London) **1951**, 767.
(93) R. Foucry, Peintures, Pigments Vernis **30**, 925 (1954).
(94) H. W. Rudd und J. J. Zonsfeld, J. Oil Colour Chemists' Assoc. **39**, 314 (1956).
(95) W. A. Patterson, Analytic. Chem. **26**, 823 (1954).
(96) B. H. Nicolet und T. C. Poulter, J. Amer. chem. Soc. **52**, 1186 (1930); D. Swern, T. W. Findley, G. N. Billen und J. T. Scanlan, Analytic. Chem. **19**, 414 (1947); H. P. Kaufmann, Analyse der Fette und Fettprodukte, S. 1548, Berlin–Göttingen–Heidelberg, Springer-Verlag 1958.
(97) K. Blumrich und G. Bandel, Angew. Chem. **54**, 375 (1941).
(98) C. Seelkopf, Fette · Seifen · Anstrichmittel **57**, 111 (1955); A. P. 2585115.
(99) G. Kink, Nature (London) **164**, 706 (1949).
(100) Official Method AOCS Cd-9-57 (1957).
(101) J. Jungnickel, E. P. Peters, A. Polgar und F. T. Weiss, in: Mitchel, Organic Analysis **1**, 127 (1953).
(102) S. Siggia, Quantitative Analysis via functional Groups, S. 8, J. Wiley & Sons, N. Y. 1949.
(103) W. C. Ross, J. chem. Soc. (London) **1950**, 2257.
(104) J. D. Swan, Analytic. Chem. **26**, 878 (1954).
(105) M. Delépine und U. Jaffeux, Bull. Soc. chim. France **29**, 136 (1921); **33**, 703 (1923); M. Delépine, ebenda (4) **27**, 741 (1920).
(106) H. Staudinger und J. Siegwart, Helv. chim. Acta **3**, 833 (1920).
(107) G. B. Guthrie, D. W. Scott und G. Waddington, J. Amer. chem. Soc. **74**, 2795 (1952); Houben–Weyl, Methoden der organischen Chemie, Bd. 9, S. 153, Georg Thieme Verlag, Stuttgart 1955.
(108) R. E. Davies, J. org. Chemistry **23**, 216 (1958); **23**, 1380 (1958).
(109) H. H. Gunthard und T. Gaumann, Helv. chim. Acta **33**, 1985 (1950).
(110) G. L. Cunningham jr. und A. W. Boyd, J. chem. Physics **19**, 676 (1951).
(111) R. A. Melson und R. S. Jessup, J. Res. nat. Bur. Standards **48**, 206 (1952).
(112) M. Delépine, C. R. hebd. Séances Acad. Sci. **171**, 36 (1920).
(113) G. Calingaert, Bull. Soc. chim. Belgique **31**, 109 (1922); M. Delépine und P. Jaffeux, Bull. Soc. chim. France (4) **29**, 136 (1921).
(114) C. C. J. Culvenor, W. Davies, J. A. Maclaren, P. F. Nelson und W. E. Savige, J. chem. Soc. (London) **1949**, 2573; J. A. Durden, H. G. Stansbury und W. H. Catlette, J. Amer. chem. Soc. **81**, 1943 (1959).
(115) E. E. van Tamelen, J. Amer. chem. Soc. **73**, 344 (1951); C. C. Price und P. F. Kirk, ebenda **75**, 2396 (1953); F. P. 797621; H. R. Snyder, J. M. Stewart und J. B. Ziegler, J. Amer. chem. Soc. **69**, 2672 (1947); C. C. J. Culvenor, W. Davies und K. Pausacker, J. chem. Soc. (London) **1946**, 1050; J. S. Harding, L. W. C. Miles und L. N. Owen, Chem. and Ind. **1951**, 887; M. Delépine, C. R. hebd. Séances Acad. Sci. **171**, 36 (1920); C. C. J. Culvenor, W. Davies und N. S. Heath, J. chem. Soc. (London) **1949**, 282.
(116) C. C. Price und P. F. Kirk, J. Amer. chem. Soc. **75**, 2396 (1953).
(117) J. N. Brönsted und M. Kilpatrick, ebenda **51**, 428 (1929).
(118) Houben–Weyl, Methoden der organischen Chemie, Bd. 9, S. 155, Stuttgart, Georg Thieme Verlag 1955.
(119) H. P. Kaufmann und M. Arens, unveröffentlichte Versuche.
(120) Holl. P. 47835; A. P. 2183860 (1939).
(121) M. Delépine, Bull. Soc. chim. France **27**, 740 (1920); **29**, 136 (1921); **33**, 703 (1923).
(122) N. Harding, L. W. C. Mills und L. N. Owen, Chem. and Ind. **42**, 887 (1951); L. W. C. Mills und L. N. Owen, J. chem. Soc. (London) **1952**, 817.

(123) L. J. Reed und Mitarb., J. Amer. chem. Soc. **75**, 1269 (1953); A. P. 2877235 (1959); ref. C. **1960**, 8688.
(124) W. A. Lazier und F. K. Signiago, A. P. 2396957.
(125) D. D. Reynolds, J. Amer. chem. Soc. **79**, 4951 (1957).
(126) C. C. J. Culvenor, W. Davies und W. E. Savige, J. chem. Soc. (London) **1952**, 4482.
(127) A. Michael, Ber. dtsch. chem. Ges. **28**, 1634 (1895).
(128) E. Troeger und N. Hornung, J. prakt. Chem. **56**, 45 (1897).
(129) C. C. Price und P. F. Kirk, J. Amer. chem. Soc. **75**, 2396 (1953); F. G. Bordwell und H. M. Andersen, J. Amer. chem. Soc. **75**, 4959 (1953).
(130) P. D. Bartlett und E. H. Rosenwald, J. Amer. chem. Soc. **56**, 1990 (1934); S. Winstein und R. B. Henderson, in: R. C. Elderfield, Heterocyclic Compounds, Vol. I, S. 1, John Wiley & Sons, New York 1950; H. P. Kaufmann, Analyse der Fette und Fettprodukte, S. 128, Berlin–Göttingen–Heidelberg, Springer-Verlag 1958; D. Swern, J. Amer. chem. Soc. **70**, 1235 (1948); D. Swern, L. P. Witnauer und H. B. Knight, ebenda **74**, 1655 (1952); H. J. Lucas und H. K. Garner, ebenda **70**, 990 (1948).
(131) L. P. Hammet, Physical Organic Chemistry, S. 302, Mc. Graw-Hill Book Co., New York 1940; R. G. Kadesch, J. Amer. chem. Soc. **68**, 43 (1946).
(132) H. R. Snyder, M. Stewart und J. Ziegler, J. Amer. chem. Soc. **69**, 2672 (1947); A. P. 2185660 (1940); ref. C. A. **34**, 2865 (1940).
(133) M. Delépine, Bull. Soc. chim. France (4) **27**, 740 (1920); (4) **33**, 703 (1923).
(134) W. Davies und W. E. Savige, J. chem. Soc. (London) **1950**, 317.
(135) E. Bennet, J. chem. Soc. (London) **1922**, 2144.
(136) C. C. J. Culvenor, ebenda **1949**, 282.
(137) Ss. S. Iwin, J. allg. Chem. **28** (90), 177 (1958).
(138) A. P. 2212141 (1940); ref. C. **1959**, 1082.
(139) W. Davies und W. E. Savige, J. chem. Soc. (London) **1950**, 317.
(140) C. C. J. Culvenor, W. Davies und N. S. Heath, J. chem. Soc. (London) **1949**, 282.
(141) W. Davies und W. E. Savige, J. chem. Soc. (London) **1950**, 317; A. P. 2212141 (1940).
(142) J. M. Stewart und H. P. Cordts, J. Amer. chem. Soc. **74**, 5880 (1952).
(143) J. M. Stewart, A. P. 2774794 (Phillips Petroleum Co.); ref. C. **1960**, 7681.
(144) H. R. Snyder, J. M. Stewart und J. B. Ziegler, J. Amer. chem. Soc. **69**, 2672 (1947).
(145) A. Schönberg, Ber. dtsch. chem. Ges. **58**, 580 (1925).
(146) E. M. Meade und F. N. Woodward, J. chem. Soc. (London) **1948**, 1894; C. C. J. Culvenor, W. Davies und N. S. Heath, ebenda **1949**, 282.
(147) H. Gilman und L. A. Woods, J. Amer. chem. Soc. **67**, 1843 (1945); Bertil Hansen, Acta chem. scand. **13**, 151 (1959); ref. C. **1959**, 15648; **13**, 159 (1959); ref. C. **1959**, 15649; G. I. Bras, J. allg. Chem. **21**, (83) 688 (1951); ref. C. **1952**, 1629.
(148) DRP 631016; ref. C. **1936**, II, 1615; E. P. 445805; ref. C. **1940**, II, 3103.
(149) H. R. Snyder, J. M. Stewart und J. B. Ziegler, J. Amer. chem. Soc. **69**, 2672 (1947).
(150) H. Gilman und L. A. Woods, J. Amer. chem. Soc. **67**, 1843 (1945); Bertil Hansen, Acta chem. scand. **13**, 151 (1959); ref. C. **1959**, 15648; **13**, 159 (1959); ref. C. **1959**, 15649; G. I. Bras, J. allg. Chem. **21**, (83) 688 (1951); ref. C. **1952**, 1629.
(151) M. Delépine, Bull. Soc. chim. France (4) **27**, 743 (1920).
(152) H. Staudinger, Ber. dtsch. chem. Ges. **49**, 1946 (1916).
(153) H. Staudinger und J. Siegwart, Helv. chim. Acta **3**, 833 (1920).
(154) H. Staudinger und J. Siegwart, Helv. chim. Acta **3**, 840 (1920).
(155) A. Schönberg, Liebigs Ann. Chem. **454**, 37 (1927).
(156) F. G. Bordwell, H. M. Andersen und B. M. Pitt, J. Amer. chem. Soc. **76**, 1082 (1954).
(157) C. C. J. Culvenor, W. Davies und N. S. Heath, J. chem. Soc. (London) **1949**, 278.
(158) R. D. Schuetz und R. L. Jacobs, J. org. Chemistry **23**, 1799 (1958).
(159) R. E. Davies, J. org. Chemistry **23**, 1767 (1958); F. G. Bordwell und H. M. Anderson, J. Amer. chem. Soc. **75**, 4959 (1953).
(160) C. B. Scott, J. org. Chemistry **22**, 1118 (1957); G. Wittig und W. Haag, Ber. dtsch. chem. Ges. **88**, 1654 (1955).
(161) H. R. Snyder und W. Alexander, J. Amer. chem. Soc. **70**, 217 (1948).
(162) R. Barr und A. Speakman, J. Soc. Dyers Colourists **60**, 238 (1944).
(163) R. Blackburn und P. Phillips, J. Soc. Dyers Colourists **61**, 203 (1945).
(164) G. I. Bras, J. allg. Chem. **21**, 688 (1951); ref. C. **1952**, 1629.
(165) J. und K. Jurjew und Ss. W. Djatlowitzkaya, J. allg. Chem. **29** (91), 1083 (1959); F. Ju. Patschinski, J. allg. Chem. **28** (90), 2998 (1958); ref. C. **1959**, 14692.

(166) J. und K. Jurjew, J. allg. Chem. **27** (89), 1787 (1957); ref. C. **1959**, 10895; ebenda **27** (89), 2644 (1957); ref. C. **1959**, 10896; ebenda **27** (89), 3148 (1957); ref. C. **1959**, 10896; ebenda **27** (89), 3152 (1957); ref. C. **1959**, 10896; ebenda **27** (89), 3271 (1957); ref. C. **1959**, 10897; ebenda **28** (90), 875 (1958); ref. C. **1959**, 10897.
(167) W. F. Martynow, J. allg. Chem. **28** (90), 2082 (1958); ref. C. **1960**, 121.
(168) A. P. 2607761; ref. C. A. 11776 i (1952).
(169) A. P. 2598645; ref. C. A. 7794 a (1952).
(170) R. B. Seyenour und F. F. Harries, Ind. Engng. Chem. **41**, 1509 (1949).
(171) W. J. Hickinbottom und D. R. Hogg, J. chem. Soc. (London) **1954**, 4200.
(172) W. S. Emerson, J. Amer. chem. Soc. **67**, 516 (1945).
(173) Ch. A. Thomas und C. A. Hochwalt, A. P. 2476252; ref. C. A. **1950**, 169.
(174) F. P. 1011020.
(175) A. Carpenter und F. Ruder, B. P. 678576.
(176) Thiocol Chemical Corp., Modern Plastics **1953**, 232; **1954**, 184; K. R. Cranker und A. J. Breslau, Ind. Engng. Chem. **1956**, 98.
(177) F. P. 1103591.
(178) P. Chuit, F. Boelsing, J. Hausser und G. Malet, Helv. chim. Acta **9**, 1074 (1926).
(179) V. Prelog, V. Hahn, H. Brauchli und H. C. Beyerman, Helv. chim. Acta **27**, 1209 (1944).
(180) M. Roussin, C. R. hebd. Séances Acad. Sci. **47**, 877 (1858).
(181) H. P. Kaufmann, J. Baltes und P. Mardner, Fette und Seifen **44**, 337 (1937).
(182) A. Dubosc, Les Caoutschouc Factices Ou Huiles Vulcanisées, Paris; Cillard Editeur 1928.
(183) E. Harvey, Transact. Wisconsin Acad. Sci., Arts, Letters **26**, 225 (1931); ref. C. **1931**, 2235.
(184) R. Henriques, Chemiker-Ztg. **16**, 1595 (1892).
(185) B. C. Knight, J. chem. Soc. (London) **1928**, 2791; ref. C. **1929**, I 705.
(186) R. Henriques, Z. angew. Chem. **8**, 692 (1895); Ber. dtsch. chem. Ges. **26**, 555 (1895); Chemiker-Ztg. **17**, 707 (1893).
(187) P. Stamberger, Recueil Trav. chim. Pays-Bas **46**, 837 (1927); ref. C. **1928**, I 436; ebenda **47**, 973 (1928); ref. C. **1929**, I 166.
(188) J. Altschul, Z. angew. Chem. **8**, 535 (1895); Ber. dtsch. chem. Ges. **28**, 993 (1895).
(189) H. P. Kaufmann, Ber. dtsch. chem. Ges. **70**, 2519 (1937).
(190) R. Salchow, Kautschuk **14**, 12 (1938); Diss., M. Arens, Münster 1958.
(191) H. P. Kaufmann, Fette · Seifen · Anstrichmittel **59**, 153 (1957).
(192) A. W. Weitkamp, J. Amer. chem. Soc. **81**, 3430 (1959).
(193) S. O. Jones und E. E. Reid, J. Amer. chem. Soc. **60**, 2452 (1938); C. C. J. Culvenor, W. Davies und N. S. Heath, J. chem. Soc. (London) **1949**, 283.
(194) C. C. J. Culvenor, W. Davies und W. E. Savige, J. chem. Soc. (London) **1952**, 4480; F. G. Bordwell und H. M. Andersen, J. Amer. chem. Soc. **75**, 4959 (1953); DRP 636708 (Dachlauer und Jackel); C. C. J. Culvenor, W. Davies und K. H. Pausacker, J. chem. Soc. (London) **1946**, 1050.
(195) Diss., G. Hauschild, Münster 1958.
(196) D. Swern und G. B. Dickel, J. Amer. chem. Soc. **76**, 1957 (1954); A. F. Mc. Kay und A. R. Bader, J. org. Chemistry **13**, 75 (1948); T. G. Green und T. P. Hilditch, Biochem. J. **29**, 1552 (1935).
(197) N. L. Remes und W. A. Krewer, A. P. 2891072, Pure Oil Co., Chicago; ref. C. **1960**, 11472.
(191) Diss., M. Arens, Münster 1958.
(199) R. E. Davies, J. org. Chemistry **23**, 216 (1958); **23**, 1380 (1958).
(200) H. Rheinboldt, Ber. dtsch. chem. Ges. **60**, 184 (1927).
(201) J. M. Stewart, A. P. 2774794 (Phillips Petroleum Co.; ref. C. **1960**, 7681.
(202) A. Melikow, Ber. dtsch. chem. Ges. **16**, 1270 (1883); **17**, 420 (1884); Liebigs Ann. Chem. **234**, 204 (1886).
(203) P. Chuit, F. Boelsing, I. Hausser und G. Malet, Helv. chim. Acta **9**, 1074 (1926).
(204) P. Chuit, F. Boelsing, I. Hausser und G. Malet, Helv. chim. Acta **9**, 1074 (1926).
(205) V. Prelog, V. Hahn, H. Brauchli und H. C. Beyerman, Helv. chim. Acta **27**, 1209 (1944).
(206) Th. W. Findley, D. Swern und J. T. Scanlan, J. Amer. chem. Soc. **67**, 412 (1945).
(207) D. Swern und G. B. Dickel, J. Amer. chem. Soc. **76**, 1957 (1954).
(208) C. Dorée und A. C. Pepper, J. chem. Soc. (London) **1942**, 477.
(209) D. Swern und G. B. Dickel, J. Amer. chem. Soc. **76**, 1957 (1954).
(210) Th. W. Findley, D. Swern und J. T. Scanlan, J. Amer. chem. Soc. **67**, 414 (1945).
(211) Th. W. Findley, D. Swern und J. T. Scanlan, J. Amer. chem. Soc. **67**, 412 (1945).

Forschungsberichte des Landes Nordrhein-Westfalen

Herausgegeben im Auftrage des Ministerpräsidenten Heinz Kühn
von Staatssekretär Professor Dr. h. c. Dr. E. h. Leo Brandt

Sachgruppenverzeichnis

Acetylen · Schweißtechnik
Acetylene · Welding gracitice
Acétylène · Technique du soudage
Acetileno · Técnica de la soldadura
Ацетилен и техника сварки

Arbeitswissenschaft
Labor science
Science du travail
Trabajo científico
Вопросы трудового процесса

Bau · Steine · Erden
Constructure · Construction material ·
Soil research
Construction · Matériaux de construction ·
Recherche souterraine
La construcción · Materiales de construcción ·
Reconocimiento del suelo
Строительство и строительные материалы

Bergbau
Mining
Exploitation des mines
Minería
Горное дело

Biologie
Biology
Biologie
Biologia
Биология

Chemie
Chemistry
Chimie
Quimica
Химия

Druck · Farbe · Papier · Photographie
Printing · Color · Paper · Photography
Imprimerie · Couleur · Papier · Photographie
Artes gráficas · Color · Papel · Fotografía
Типография · Краски · Бумага · Фотография

Eisenverarbeitende Industrie
Metal working industry
Industrie du fer
Industria del hierro
Металлообрабатывающая промышленность

Elektrotechnik · Optik
Electrotechnology · Optics
Electrotechnique · Optique
Electrotécnica · Optica
Электротехника и оптика

Energiewirtschaft
Power economy
Energie
Energía
Энергетическое хозяйство

Fahrzeugbau · Gasmotoren
Vehicle construction · Engines
Construction de véhicules · Moteurs
Construcción de vehículos · Motores
Производство транспортных средств

Fertigung
Fabrication
Fabrication
Fabricación
Производство

Funktechnik · Astronomie
Radio engineering · Astronomy
Radiotechnique · Astronomie
Radiotécnica · Astronomía
Радиотехника и астрономия

Gaswirtschaft
Gas economy
Gaz
Gas
Газовое хозяйство

Holzbearbeitung
Wood working
Travail du bois
Trabajo de la madera
Деревообработка

Hüttenwesen · Werkstoffkunde
Metallurgy · Materials research
Métallurgie · Materiaux
Metalurgia · Materiales
Металлургия и материаловедение

Kunststoffe
Plastics
Plastiques
Plásticos
Пластмассы

Luftfahrt · Flugwissenschaft
Aeronautics · Aviation
Aéronautique · Aviation
Aeronáutica · Aviación
Авиация

Luftreinhaltung
Air-cleaning
Purification de l'air
Purificación del aire
Очищение воздуха

Maschinenbau
Machinery
Construction mécanique
Construcción de máquinas
Машиностроительство

Mathematik
Mathematics
Mathématiques
Mathemáticas
Математика

Medizin · Pharmakologie
Medicine · Pharmacology
Médecine · Pharmacologie
Medicina · Farmacología
Медицина и фармакология

NE-Metalle
Non-ferrous metal
Metal non ferreux
Metal no ferroso
Цветные металлы

Physik
Physics
Physique
Física
Физика

Rationalisierung
Rationalizing
Rationalisation
Racionalización
Рационализация

Schall · Ultraschall
Sound · Ultrasonics
Son · Ultra-son
Sonido · Ultrasónico
Звук и ультразвук

Schiffahrt
Navigation
Navigation
Navegación
Судоходство

Textilforschung
Textile research
Textiles
Textil
Вопросы текстильной промышленности

Turbinen
Turbines
Turbines
Turbinas
Турбины

Verkehr
Traffic
Trafic
Tráfico
Транспорт

Wirtschaftswissenschaften
Political economy
Economie politique
Ciencias económicas
Экономические науки

Einzelverzeichnis der Sachgruppen bitte anfordern

 Springer Fachmedien Wiesbaden GmbH

MIX
Papier aus verantwortungsvollen Quellen
Paper from responsible sources
FSC® C105338

If you have any concerns about our products,
you can contact us on
ProductSafety@springernature.com

In case Publisher is established outside the EU,
the EU authorized representative is:
Springer Nature Customer Service Center GmbH
Europaplatz 3, 69115 Heidelberg, Germany

Printed by Libri Plureos GmbH
in Hamburg, Germany